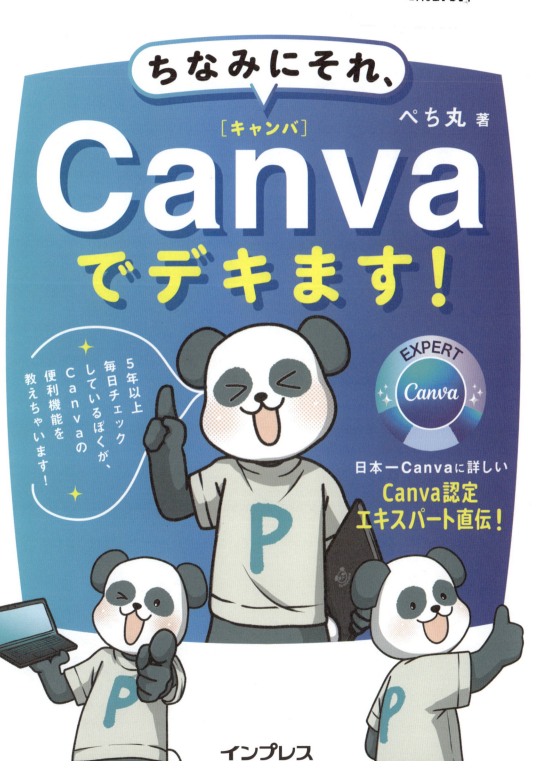

## はじめに

本書を手にしていただきありがとうございます！Canva認定エキスパートのぺち丸です。2019年にCanvaに出会い、すっかり魅了されてから5年が経ちました。

現在、日本で2人しかいないCanva認定エキスパートの1人として、SNSで便利な使い方を発信し続けています。そして今回、ありがたいことに編集者の方から声をかけていただき、この本を出版することになりました。

この本には、ほぼ毎日Canvaを使い続けて得た経験や知識、便利ワザなどを"惜しみなく"詰め込みました。本書を読み終えたとき、「やりたかったことがCanvaでデキた！」とワクワクする瞬間が訪れるはずです。ぜひCanvaを活用し、あなたのアイデアを自由に形にしてみてください。

ただし、忘れないでいただきたいのは、Canvaはあくまでもツールの1つに過ぎないということです。すべてのニーズや状況に適しているわけではないので、目的に合わせて柔軟に選んでくださいね。

本書が、皆さんの可能性を広げる一冊になりますように。

2024年
著者を代表して
ぺち丸

## 本書について

本書の内容は、2024年10月時点の情報をもとに構成しています。本書の発行後に各種サービスやソフトウェアの機能、画面などが変更される場合があります。

■Windows版、Mac版でキーなどが異なる場合は、それぞれ記載をしています。

■本書発行後の情報については、弊社のWebページ(https://book.impress.co.jp/)などで可能な限りお知らせいたしますが、すべての情報の即時掲載および確実な解決をお約束することはできかねます。

■ 本書の運用により生じる直接的または間接的な損害について、著者および弊社では一切の責任を負いかねます。あらかじめご理解、ご了承ください。

■本書発行後に仕様が変更されたハードウェア、ソフトウェア、サービスの内容などに関するご質問にはお答えできない場合があります。該当書籍の奥付に記載されている初版発行日から3年が経過した場合、もしくは該当書籍で紹介している製品やサービスについて提供会社によるサポートが終了した場合は、ご質問にお答えしかねる場合があります。また、下記のご質問にはお答えできませんのでご了承ください。
書籍に掲載している内容以外のご質問・ハードウェア、ソフトウェア、サービス自体の不具合に関するご質問

■本書に記載されている会社名、製品名、サービス名は、一般に各開発メーカーおよびサービス提供元の登録商標または商標です。なお、本文中にはⒸおよび®マークは明記していません。

# Contents

はじめに ........................................................................ 2

本書について .................................................................. 3

## Chapter 1 | Canvaの基本

- Canvaとは ............................................................... 14
- Canvaをはじめてみよう .............................................. 16
- 画面解説 ................................................................. 18
- 基本操作を学ぼう ..................................................... 22
- Canvaプロとの違い／料金プラン ................................. 30
- 商用利用について ..................................................... 32
- 本書の使い方 ........................................................... 34

## Chapter 2 | Canvaの便利機能

### 最低限押さえておきたい

- **Case 1** アカウント名、アイコンを変更! .................................................. 36
- **Case 2** 修正したい要素を指定してコメント! .......................................... 38

| Case 3 | ● あらゆる形式のファイルをアップロード可能! | 40 |
| Case 4 | ● 抜け感を演出できる透明度調整! | 42 |
| Case 5 | ● あらゆるパターンの配置を使いこなす! | 44 |
| Case 6 | ● レイヤーで背面にある要素を編集! | 46 |
| Case 7 | ● グループ化で複数の要素をまとめる! | 48 |
| Case 8 | ● 要素をロックする! | 50 |
| Case 9 | ● ビューモードで3種類の見え方を使い分ける! | 52 |
| Case 10 | ● フレームとグリッドを使いこなす! | 54 |

## 共有

| Case 11 | ● リンク共有の方法は3パターン! 状況に応じて使い分けよう | 56 |
| Case 12 | ● コンテンツプランナーでSNS投稿がCanvaで完結! | 58 |

**COLUMN** おすすめ素材コレクション：まきもさん ……… 61

| Case 13 | ● Canvaアカウントを持っていない人と共同編集が可能! | 62 |

## 管理

| Case 14 | ● ブランドキットによく使うフォント・カラー・ロゴを登録しよう! | 64 |
| Case 15 | ● スター付きでお気に入りの素材をいつでも引き出そう! | 66 |
| Case 16 | ● よく使う素材をまとめて管理! | 68 |
| Case 17 | ● フォルダ管理で過去に作成したデザインを迷わずに探せる! | 70 |

## テキスト

| Case 18 | ● フォント検索で使いたいフォントを見つける! | 72 |

| Case 19 | ● テキストにあらゆるエフェクトをかけてみよう! | 74 |
| Case 20 | ● テキストボックスの余白を一瞬で縮ませる! | 76 |
| Case 21 | ● Canvaにないフォントをアップロードして使う! | 78 |

## カラー

| Case 22 | ● おしゃれなグラデーションを簡単に作成! | 80 |
| Case 23 | ● スポイト機能で画像から色を抽出! | 82 |
| Case 24 | ● 写真内に使われているカラーをページに反映! | 84 |
| Case 25 | ● スタイル機能で、配色の組み合わせを一発で変更! | 86 |

**COLUMN** おすすめ素材コレクション:島田あやさん ... 89

## 素材

| Case 26 | ● 素材の検索フィルターを活用して素早く見つける! | 90 |
| Case 27 | ● 縦横比自由の(高さや幅を変えられる)四角を作る! | 92 |
| Case 28 | ● 図形・写真・動画に枠や丸みをつける! | 94 |
| Case 29 | ● 簡単でわかりやすいグラフを作成! | 96 |
| Case 30 | ● シンプルで使いやすい表を作る! | 98 |
| Case 31 | ● フレームに吸い込まれずに素材を移動させよう! | 100 |
| Case 32 | ● 組み合わせて作成したオリジナル素材をダウンロードして使い回そう! | 102 |
| Case 33 | ● 似ている素材を2つのパターンで探してみよう! | 104 |

## 画像

| Case 34 | ● 写真の色調を自動で調整! | 106 |

| Case 35 | ● 写真の一部の色を調整! | 108 |
| Case 36 | ● 前景と背景を分けて写真の色調を調整! | 110 |
| Case 37 | ● ワンクリックで背景除去! | 112 |
| COLUMN | おすすめ素材コレクション:まゆまるさん | 115 |
| Case 38 | ● マジック消しゴムで画像内の一部を削除! | 116 |
| Case 39 | ● マジック切り抜きで背景を残したまま被写体を切り抜く! | 118 |
| Case 40 | ● マジック加工で写真の一部を別のイメージに変換! | 120 |
| Case 41 | ● マジック拡張で画像を任意のサイズに変更! | 122 |
| Case 42 | ● 画像にシャドウ(影)のエフェクトをかけておしゃれに仕上げる! | 124 |
| Case 43 | ● 写真の一部にモザイクをかける! | 126 |
| Case 44 | ● フェイスレタッチでお肌の質感を調整! | 128 |

## ドキュメント

| Case 45 | ● 提案モードでフィードバックしよう! | 131 |
| Case 46 | ● 文章に迷った場合はマジック作文を活用しよう! | 132 |
| Case 47 | ● 改ページで文章を整理し印刷ページを区切る! | 133 |
| Case 48 | ● コラムで情報を整理&可読性アップ! | 134 |
| Case 49 | ● 特記事項にはハイライトブロックを使おう! | 135 |
| Case 50 | ● アウトラインを設定して読みたい箇所へジャンプ! | 136 |

## ホワイトボード

| Case 51 | ● ホワイトボードの付箋を活用! | 138 |

| Case 52 | ● 一撃で付箋を分類する! | 140 |
| Case 53 | ● ホワイトボードの付箋をシートに貼り付ける! | 141 |
| Case 54 | ● ホワイトボード限定! 共同編集者の動きを追尾! | 142 |
| Case 55 | ● ホワイトボードにページを追加! | 143 |
| Case 56 | ● タイマー機能を使って共同編集を楽しくする! | 144 |

## プレゼンテーション

| Case 57 | ● 配置済みのレイアウトを活用! | 146 |
| Case 58 | ● クリックして要素を順番に表示させる! | 148 |
| Case 59 | ● 4種類のプレゼン機能を使い分ける! | 150 |
| Case 60 | ● 発表者モードを活用してプレゼン! | 151 |
| Case 61 | ● メモ機能を活用して発表をよりラクに! | 152 |
| Case 62 | ● プレゼンの拡大機能で画面の一部を大きく見せる! | 153 |
| Case 63 | ● タイマー機能でスムーズにイベントを進める! | 154 |
| Case 64 | ● マジックショートカットでプレゼンを盛り上げよう! | 155 |

## 動画

| Case 65 | ● 動画の速度調整と分割を活用しよう! | 157 |
| Case 66 | ● オリジナルのアニメーションを作成! | 158 |
| Case 67 | ● 動画の好きなタイミングで要素を表示! | 160 |
| Case 68 | ● シーンの間におしゃれなトランジションを設定してみよう! | 162 |
| Case 69 | ● 動画の不要な背景を除去! | 163 |

| Case 70 | ● ビデオハイライトで重要部分を自動で切り取る! | 164 |
| Case 71 | ● 動画の音声ノイズを一瞬でクリアに! | 165 |
| Case 72 | ● ダウンロードする動画品質を設定! | 166 |

**COLUMN** おすすめ素材コレクション:もふこさん ……………………………… 167

## Webサイト

| Case 73 | ●【必須】サイトを公開する前には必ずプレビューで確認! | 169 |
| Case 74 | ● 読者にわかりやすいナビゲーションメニューを設定しよう! | 170 |
| Case 75 | ● 無料で取得! Canvaドメインの設定方法 | 172 |
| Case 76 | ● URL、ファビコンの設定をしてこだわりを持ったWebサイトに! | 174 |
| Case 77 | ● Webサイトを公開! | 176 |
| Case 78 | ● インサイトで閲覧者の傾向をチェックしよう! | 178 |

## アプリ

| Case 79 | ●「Choppy Crop」で写真を好きな形に切り抜く! | 180 |
| Case 80 | ● URLをコピペするだけで、「二次元バーコード」を作成! | 182 |
| Case 81 | ●「マジック生成」を使ってAIでオリジナル画像を作成! | 184 |
| Case 82 | ●「AI自動翻訳」でどんな言語もサクッと翻訳! | 186 |

**COLUMN** おすすめ素材コレクション:のびーさん ……………………………… 189

| Case 83 | ●「Mockups」でデザインを合成! | 190 |
| Case 84 | ●「一括作成」で作業効率UP! | 194 |
| Case 85 | ●「TypeGradient」でグラデーション文字を作成! | 198 |

| Case 86 | ●「TypeExtrude」で興味を引かせる立体的なテキストを作成! | 200 |
| Case 87 | ●「画像品質アップツール」で低画質な画像を一瞬で高画質に! | 202 |
| Case 88 | ●「LottieFiles」でカラー変更できる豊富なアニメーションを活用しよう! | 204 |

## 知っておくと便利

| Case 89 | ●印刷前には必ず塗り足し領域を確認しよう! | 206 |
| Case 90 | ●アクセシビリティ機能であらゆる人に適したデザインに! | 208 |
| Case 91 | ●バージョン履歴で過去のデザインを復元! | 210 |
| Case 92 | ●ページ内のテキストを検索&置換! | 212 |
| Case 93 | ●リサイズ機能で作成したデザインを変換しよう! | 214 |
| Case 94 | ●自分と資料を一緒に録画して共有しよう! | 216 |

**COLUMN** おすすめ素材コレクション:あかねさん ... 219

| Case 95 | ●一瞬でページ番号を付与できる! | 220 |
| Case 96 | ●動画や地図のリンクをページ内に埋め込む! | 222 |

**COLUMN** おすすめ素材コレクション:コツんさん・たなよしさん ... 225

| Case 97 | ●矢印を自由自在にカスタム! | 226 |
| Case 98 | ●複数の素材を一瞬で等間隔に並べよう! | 228 |
| Case 99 | ●要素の角度を調整してキレイに見せる! | 230 |
| Case 100 | ●好きな素材の色とフォントのスタイルを一瞬でコピー! | 232 |
| Case 101 | ●同じ作成者の素材を検索してテイストをそろえよう! | 234 |
| Case 102 | ●要素に線をつけずに好きな位置に伸ばそう! | 236 |

- **Case 103** ● 下にある要素を選択して動かす！ ……………………… 238
- **Case 104** ● 背景を透過してダウンロード！ ………………………… 240
- **Case 105** ● ちょうどいいサイズ感で漢字にふりがなをつける！ … 242
- ● ショートカットキー 一覧 ……………………………… 244

# Chapter 3 | Canva活用シーン

## 活用シーン1

### ブランド機能を理解してチームでCanvaを使いこなす！ …………… 248

- ● チームにメンバーを招待・管理する
- ● ブランドテンプレートを設定する
- ● ブランドコントロールを設定する

## 活用シーン2

### デザインを整えるためにガイド線を活用しよう！ ………………… 254

- ● 基本的なガイド線の使い方
- ● ガイド線の応用

## 活用シーン3

### Canvaで印刷！ PDF入稿データを作成 ………………………… 260

- ● Canvaでワンストップ印刷
- ● Canvaで入稿データを作成する

## 巻末

特典 ................................................................................................................ 267

● 素材コレクションコード集の使い方

● クリエイターをフォローして活用する方法

# Chapter 1

## まずは覚えよう!
## Canvaの基本

| | |
|---|---|
| Canvaとは | 14 |
| Canvaをはじめてみよう | 16 |
| 画面解説 | 18 |
| 基本操作を学ぼう | 22 |
| Canvaプロとの違い／料金プラン | 30 |
| 商用利用について | 32 |
| 本書の使い方 | 34 |

# Canvaとは

Canvaは1億9千万人が利用する、誰でも簡単にデザインを作成できるオンラインデザインツールです。

2013年にメラニー・パーキンス氏がオーストラリアで創業し、Canvaが誕生しました。日本では2017年に提供されています。

豊富なテンプレートや素材を使って、誰でも直感的にデザインを作成できるCanva。

これまでに作られたデザインは250億以上にものぼり、毎秒280件以上のデザインが生まれています。

Canvaは「すべての人が、どこからでも、デザインで輝けるようにする」をミッションに掲げ、常にユーザーが使いやすいように日々アップデートしています。

（2024年10月時点）

**380万点以上の**テンプレート
**使い放題**
**1億2700万点以上の**素材

# Canvaをはじめてみよう

Canvaは、オンラインで利用できるデザインツールです。
テンプレートを使えば、ゼロから作成しなくてもデザインできます。

## 無料であらゆるデザインが作成できる

Canvaは「誰でも簡単に直感的にデザインできること」を目指して開発されたツールです。

日常やビジネスシーンで利用できるデザインが作成できます。

## 作成したデザインを簡単に出力できる

Canva上で作成したデザインは画像やPDF、動画として保存できます。

URLでの共有も可能です。

## パソコン・スマホ・タブレットで同期が可能!

クラウドツールのため、異なるデバイスでもアカウント内のデザインは瞬時に同期されます（Webブラウザ・デスクトップアプリ・iOS・Androidに対応）。

デザインは自動保存され、いつでもどこでも編集が可能です。

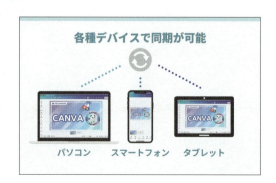

## アカウントの登録方法

Canvaは、以下の手順で登録できます。

❶ Webサイトから「Canva」と検索、または下記の二次元バーコードから
　Canvaの公式サイトへアクセス

❷ アカウントを登録する

「Google」「Facebook」「メールアドレス」など、いくつかの方法があります。登録しやすい方法を選びましょう。最後にCanvaのホーム画面が表示されたら、登録完了です。

# 画面解説

## ホーム画面

お気に入り登録したデザインやフォルダをまとめられるよ！
よく使用するデザインは、セクションを作成してまとめておくと便利！

左側に❶ワークスペースがあります。ワークスペースでは、編集画面を閉じずに❷スター付きのデザインや最近のデザインをすぐに確認できます。

### ワークスペースの活用方法を知ろう

「スター付き」のデザインを、セクションごとに分類すると、アクセスがスムーズになります。

❶ デザインに［スター］をつける
❷ ［+］をクリックして、セクションを追加
❸ セクションに名前と絵文字を追加
❹ ドラッグ＆ドロップで移動

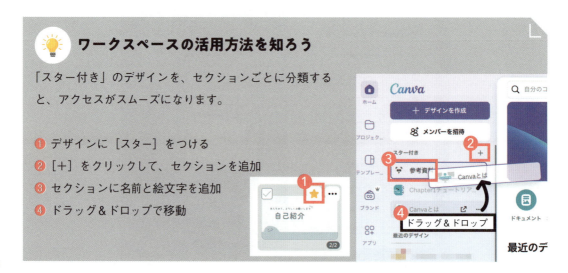

## プレビュー画面を上手に使おう！

過去に作成したデザインはクリックすると、デザインを開かずに確認できます。[新しいタブで開く]を使うと、別タブで開けるため、作業がしやすいです。

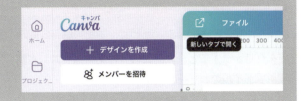

## 編集画面

**ちなみに**
❸と❺は同じ場所でどちらかが表示されるよ！

テンプレートやデザインを選択すると、上記の画面が表示されます。
デザインの編集はこの画面で行いましょう。編集画面は以下の7つの要素で構成されています。

❶ ヘッダー　　❷ サイドバー　　❸ サイドパネル
❹ ツールバー　❺ 編集パネル
❻ クイックアクション　❼ フッター

名前まで覚えなくても大丈夫！

## ❶ ヘッダー

ホーム画面表示やファイルのコピー・設定、サイズ変更、モードの変更、共有ができます。

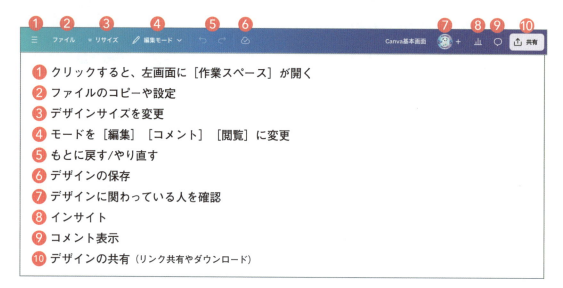

① クリックすると、左画面に［作業スペース］が開く
② ファイルのコピーや設定
③ デザインサイズを変更
④ モードを［編集］［コメント］［閲覧］に変更
⑤ もとに戻す/やり直す
⑥ デザインの保存
⑦ デザインに関わっている人を確認
⑧ インサイト
⑨ コメント表示
⑩ デザインの共有（リンク共有やダウンロード）

## ❷ サイドバー

左に常に表示されているバーです。テンプレートや素材、テキストの追加、アプリ機能などがあります。

## ❸ サイドパネル

サイドバーを選択すると、表示されるパネルです。

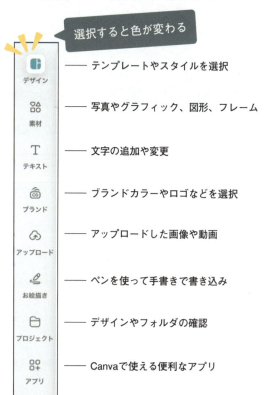

## ❹ ツールバー

要素を選択したときに上に表示されるバーで、編集を行う場合は、❺編集パネルが開きます。

## ❺ 編集パネル

❹ツールバーのいずれかをクリックすると、左側に表示されるパネルです。

画像やエフェクト、カラー、フォントなどの変更を行えます。

## ❻ クイックアクション

選択した要素に合わせて、使える機能にアクセスできたりクイックに検索ができたりします。

## ❼ フッター

メモやページ数の確認、表示デザインのズームが可能です。
デザインの見え方を変えられます。

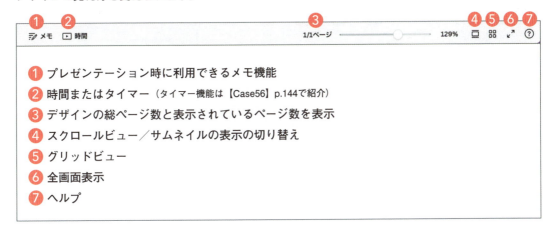

❶ プレゼンテーション時に利用できるメモ機能
❷ 時間またはタイマー（タイマー機能は【Case56】p.144で紹介）
❸ デザインの総ページ数と表示されているページ数を表示
❹ スクロールビュー／サムネイルの表示の切り替え
❺ グリッドビュー
❻ 全画面表示
❼ ヘルプ

# 基本操作を学ぼう

Canvaは、以下のステップで初心者でも簡単にデザインの作成ができます。

① テンプレートを選ぶ
② テキストやカラーを変更する
③ 写真を入れ替える
④ 素材を挿入する
⑤ ダウンロードする

Canvaの基本操作は、これさえ覚えればOK！

ここでは、プレゼン資料を作成する流れで説明します。まずは基本の流れを押さえましょう。

## 1.テンプレートを選ぶ

Canvaは、無料と有料のテンプレートが豊富です。
デザイン初心者でもテンプレートを活用して、簡単にオリジナルデザインを作成できます。

### 方法1 ホーム画面から探す

ホーム画面を開き、検索欄にキーワード（ここでは「プレゼンテーション 自己紹介」）を入力して検索します。

ちなみに
用途や雰囲気、色などで検索してみよう！

## 方法2 テンプレート一覧から探す

［テンプレート］をクリック →［テンプレート］で種類を選択（ここでは［ビジネス］→［プレゼンテーション］）すると、テンプレート一覧が表示されます。
SNSや動画、チラシなどの印刷製品など、デザインの用途によって分類されています。

テンプレートを選択し、［このテンプレートをカスタマイズ］をクリックして編集をはじめます。

### サイズ感をチェックしておこう！

無料で使用している場合は、テンプレートを選択する際にサイズを確認しましょう。有料の場合は、後から「リサイズ機能（p.214）」を使えば簡単にサイズを変更できます。

## 2. テキストやカラーを変更する

テンプレートのテキストやカラーを変えてみましょう。
Canvaには個性的なフォントや使いやすいフォントがたくさんあります。

### 操作1 テキストを変更する

❶ テキストボックスをダブルクリックして、テキストを入力します。

### 操作2 フォントの種類やサイズを変更する

フォントの種類を変更するときは、❷［フォント］→フォント一覧から選択します。フォントサイズは❸で調整しましょう。

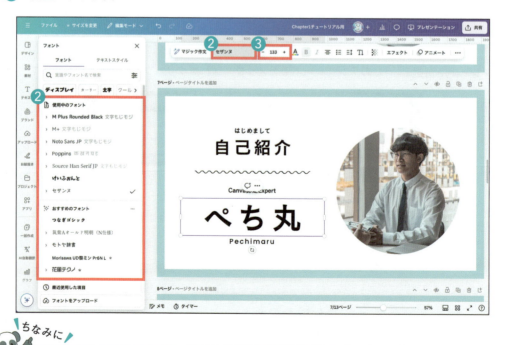

> ちなみに
> テキストに影をつけたり、周りをふちどったり、カーブさせたりできるよ！
> 【Case19】テキストにあらゆるエフェクトをかけてみよう！(p.74) でも解説しているよ！

操作3 カラーを変更する

❶カラーを変更したい要素→❷［カラー］をクリックし、❸でカラーを選択します。
背景やテキスト、図形などを好きなカラーに変更できます。

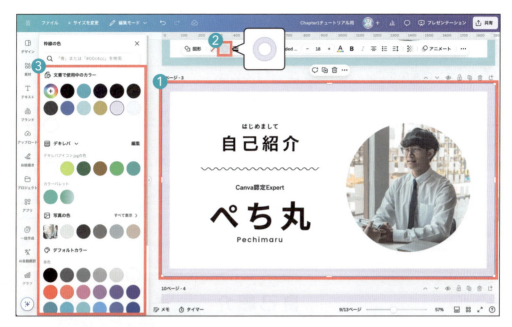

［＋］でパレットを開くと直感的に色を選べるよ！

カラーは下記から選べます。

・文書で使用中のカラー
・ブランドキット
・写真の色
・デフォルトカラー
・グラデーション

 カラーを変更するテクニック

カラー調整や配色のコツについては、【Case22〜25】（p.80〜88）で詳しく紹介しています。

## 3. 写真を入れ替える

次にテンプレートの写真を変更しましょう。フレームを使用しているテンプレートは、写真を簡単に入れ替えられます。

> **ちなみに**
> パソコンの画像をCanvaにアップロードするには、
> ❶［アップロード］→ ❷［ファイルをアップロード］→フォルダから選択しよう！
> パソコンから直接Canva画面にドラッグ＆ドロップしてもアップロードできるよ！

Canvaの素材や自分でアップロードした画像を ❸ ドラッグ＆ドロップして、写真を入れ替えます。

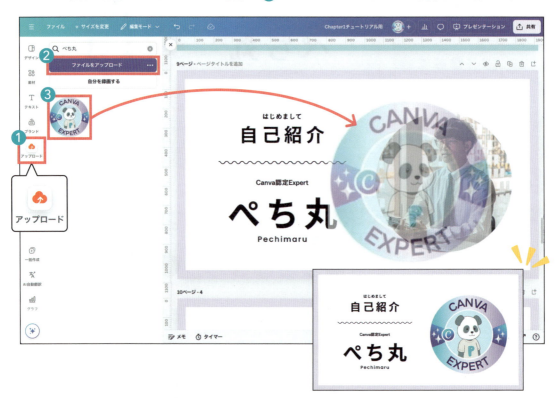

 **フレームとはどんな素材？**

フレームは写真や画像、動画を入れられる素材です。
図形やグラフィックなどの素材は、フレームに入れることはできません。

【Case10】フレームとグリッドを使いこなす！(p.54) でも詳しく解説しています。

## 4.素材を挿入する

最後に、オリジナルのデザインにするために素材を追加します。

❶[素材]をクリックして、❷検索欄にキーワードを入力して探しましょう。

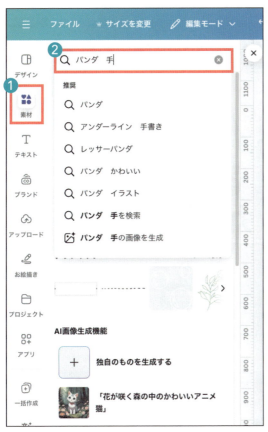 

無料で利用している人が、有料素材を使用すると、Canvaロゴの透かしが入ります。

透かしを削除するためには、有料プランに入るか都度素材の購入が必要です。

「有料素材を使ったデザイン」を無料プランの人にリンクで共有した場合にも透かしが入るよ！

27

## 4.素材を挿入する

❸素材をクリックすると、画面上に素材が表示されます。
❹紫のボックスの角をドラッグして、大きさや角度を調整して配置してください。

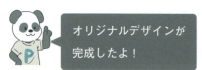

オリジナルデザインが完成したよ！

## 5.ダウンロードする

デザインの作成が終わったら、ダウンロードしましょう。

❶[共有]→❷[ダウンロード]をクリック→❸[ファイルの種類]や[ページを選択]を設定→❹[ダウンロード]をクリック。

ダウンロードの進捗具合はバーでわかるよ!

---

### ファイルの種類について

用途に合わせたファイルの種類を選んでダウンロードしましょう。
作成したデザインに合わせたファイルの種類を提案してくれます。

・画像:JPG／PNG／SVG
・文書:PDF
・動画:MP4／GIF

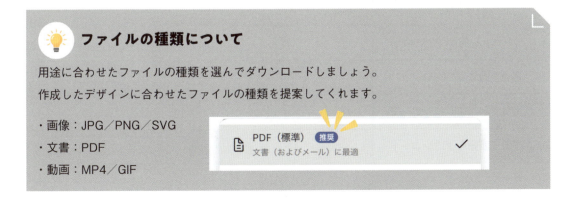

# Canvaプロとの違い/料金プラン

Canvaを個人で利用する場合、「Canva無料」「Canvaプロ」があります。主な違いは下記のとおりです。

| 機能 | 無料 | プロ |
| --- | --- | --- |
| 素材数 | 320万点 | 1億2,700万点 |
| テンプレート数 | 210万点 | 380万点 |
| 容量 | 5GB | 1TB |
| フォント数 | 約730種類 | 約950種類 |
| 独自のフォントのアップロード | × | ○ 100種類まで可能 |
| サイズの変更 | × | ○ 好きなサイズへ変更可能 |
| SNSの予約投稿 | × | ○ X・Instagram・TikTokなど対応 |
| マジックアニメーション | × | ○ |
| マジック消しゴム | × | ○ |
| 背景除去 | × | ○ ワンクリックで除去可能 |
| バージョン履歴（復元機能） | × | ○ |
| 背景透過でダウンロード | × | ○ |
| 高画質で動画をダウンロード | × | ○ |
| 高画質で画像をダウンロード | × | ○ |

※2024年10月時点

Canvaの料金プランは下記のとおりです。
「Canva無料」と「Canvaプロ」は個人利用、「Canvaチーム」は3人以上の利用、「Canvaエンタープライズ」は企業利用に適しています。

料金の最新情報については、公式サイトにてご確認ください。

※2024年10月時点

まだCanvaプロに登録していない方は、30日間無料で試せます。
ぜひ二次元バーコードから登録してみてください。

トライアル期間中に解約をすれば料金は一切かかりません。
無料トライアル終了3日前にお知らせメールが届きます。

# 商用利用について

Canvaで作成したデザインは、有料会員でも無料会員でも商用利用可能です。クレジット表記も不要なため、気軽に使用できます。Canvaで作成したデザインの商用利用は可能ですが、商標登録はNGと覚えておきましょう（2024年10月現在）。

Canvaの商用利用・著作権はとても複雑です。
最新の利用規約を **「必ず自分の目で確認」** してください。

商用利用と禁止事項について　　　知的財産ポリシーについて

ページを確認しても判断に迷ったときは、Canva公式のサポートに問い合わせすることを検討しよう！

---

### 注意事項

基本的にCanvaで作成したデザインは、以下の用途で商用利用が可能です。
・自社のホームページ　・SNS投稿　・広告、営業資料
・名刺　・Tシャツを作成して販売　など

営利目的で使用する場合は **「素材やテンプレートはそのまま使わず必ず加工」** しましょう。
例えば、テンプレートを使用する場合は、図形や線・素材を足すなどの編集が必要です。

# 自分がどれに当てはまるのかチェックしてみよう！

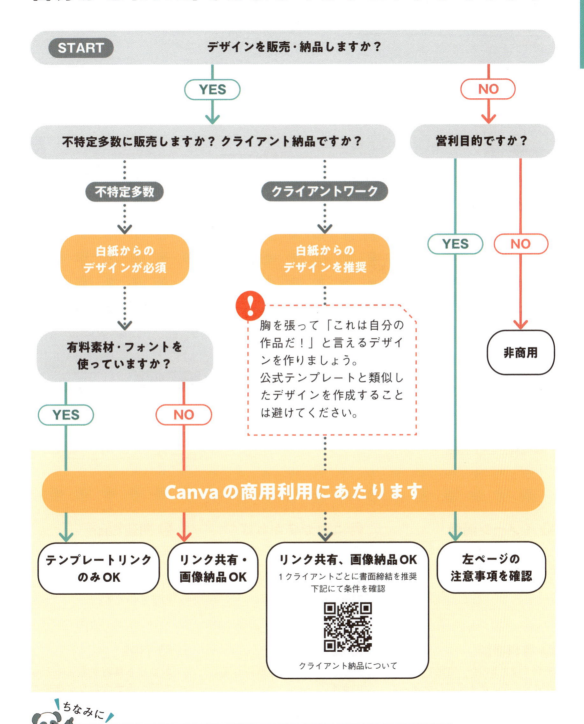

# 本書の使い方

本書では「デキる」を合言葉に、Canvaのテクニックを紹介していきます。

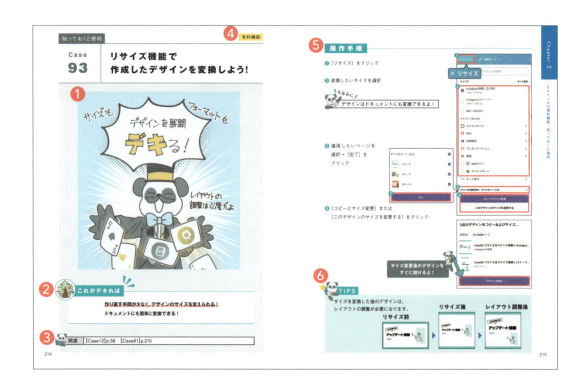

### ❶ イメージ画像
「何がデキるか」が一目でわかる画像です。

### ❷ これがデキれば
この機能が使えたら何ができるか、どんなときに使える機能なのか、を具体的に知ることができます。

### ❸ 関連Case
関連している機能を紹介しています。
もっと詳しく知りたい方におすすめです。

### ❹ 有料機能
無料で使えるのか、有料で使えるのか、がすぐにわかるタグです。

有料機能

### ❺ 操作手順
操作手順について解説しています。

### ❻ TIPS
お役立ち情報やちょっとした使えるテクニックをまとめて紹介します。

# Chapter 2

## こんなことまで？
# Canvaの便利機能

| | |
|---|---|
| 最低限押さえておきたい | 36 |
| 共有 | 56 |
| 管理 | 64 |
| テキスト | 72 |
| カラー | 80 |
| 素材 | 90 |
| 画像 | 106 |
| ドキュメント | 130 |
| ホワイトボード | 137 |
| プレゼンテーション | 145 |
| 動画 | 156 |
| Webサイト | 168 |
| アプリ | 180 |
| 知っておくと便利 | 206 |

最低限押さえておきたい

# Case 1 アカウント名、アイコンを変更！

**これがデキれば**

**本名がバレない！** ひと目で自分のデザインがわかる！
共同作業のとき「**誰がどんな作業をしているのか**」すぐにわかる！

 関連　【Case11】p.56　【Case13】p.62

## 操作手順

1. ホーム画面右上のプロフィールアイコンをクリック
2. [設定] をクリック

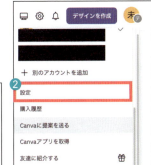

### アイコンの設定

3. [写真をアップロード] をクリックして、フォルダから写真を選択

### 名前の設定

4. [編集] をクリックして名前を入力
5. [保存] をクリック

 Canvaをはじめたらはじめに設定しておこう！

名前を変更したら保存してね！

---

## 名前とアイコンが表示されるのはこんなとき

ホーム画面にデザインが表示されているとき　　共同作業をしているとき

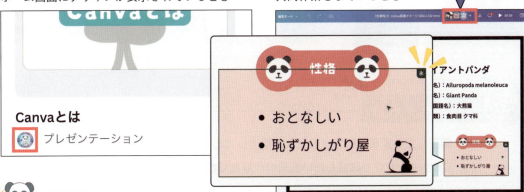

### TIPS

デザインを共有したり、公開したりするとアイコンや名前が相手に表示されます。本名を表示したくない場合は、あらかじめアカウント名を変更しておきましょう。

最低限押さえておきたい

# Case 2　修正したい要素を指定してコメント！

 **これがデキれば**

修正したい要素をピンポイントで指定し、コメントでやりとりできる！
Canva上だけで確認したい箇所のやりとりが完結できる！

 関連　【Case11】p.56　【Case13】p.62　【Case45】p.131

## 操作手順

❶ 修正したい要素を選択→
　［コメント］をクリック

❷ コメントを入力
　・［メンション］で依頼する人を指定
　・［絵文字］や［ステッカー］をつける
❸ ［コメントを送信］をクリック

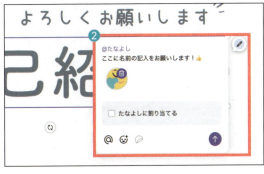

## 通知の確認方法

ホーム画面で通知

編集画面で通知

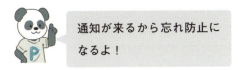

通知が来るから忘れ防止になるよ！

メールで通知

最低限押さえておきたい

## Case 3
### あらゆる形式のファイルをアップロード可能！

 これがデキれば

アップロードしたファイルのテキストやカラーの編集などができる！

関連　【Case14】p.64　【Case21】p.78　【Case94】p.216

## 操作手順

❶ ホーム画面の［アップロード］をクリック

❷ ［ファイルをアップロード］→
　アップロードするファイルを選択

❸ 最近のデザインにアップロードした
　ファイル（ここではPDF）が表示される

❹ アップロードしたデザインを編集

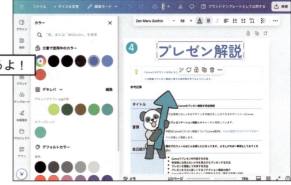

> ちなみに
> テキストやカラー、配置も変更できるよ！

## データの上限について

・無料アカウント：5GB
・教育版やNPOアカウント：100GB
・プロやチームアカウント：1TB

 **TIPS**

Canvaへアップロードができる形式

JPG　PNG　MP3　MP4　AI (Illustrator)　PSD (Photoshop)　DOCX (Word)　PPTX (PowerPoint)　PDF　など

詳細はコチラ

最低限押さえておきたい

# Case 4 抜け感を演出できる透明度調整!

 これがデキれば

デザインにほどよい抜け感を作って、オシャレにできる！

 関連　【Case25】p.86　【Case87】p.202　【Case100】p.232

## 操作手順

1. 透明度を調整したい要素をクリック
2. ［透明度］をクリック
3. 透明度を調整

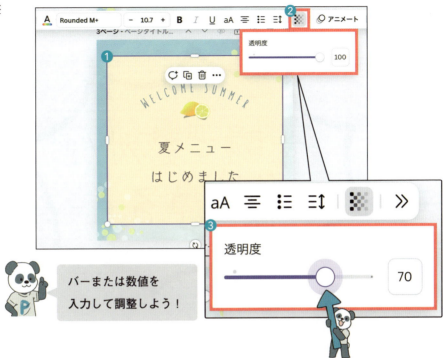

バーまたは数値を入力して調整しよう！

**Before**

**After**

**TIPS**
透明度を変えられるのは、素材やテキスト、アップロードした画像・動画です。

最低限押さえておきたい

# Case 5 あらゆるパターンの配置を使いこなす！

 **これがデキれば**

イメージ通りに文字を配置できる！
しっかり整列させてデザイン素人を脱出できる！

 関連　【Case20】p.76　【Case98】p.228

## 操作手順

### テキストの配置方法

① 配置したいテキストをクリック

② ≡ をクリック

③ ［左揃え］［中央揃え］［右揃え］［均等揃え］から選択

### ページに合わせて配置する方法

① 配置したいテキストをクリック

② ［配置］をクリック

③ ［ページに合わせる］から選択

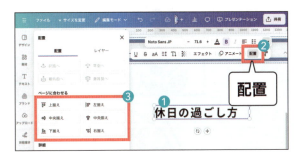

### 複数要素を整列させる方法

① 整列したい要素を複数選択
　ドラッグまたは Shift を押しながらクリック

② ［配置］をクリック

③ ［素材を整列させる］から選択

**テキストを左揃えにして、等間隔で整列させる場合は？**

① ［配置］の［左揃え］をクリック

② 均等配置の［垂直に］をクリック

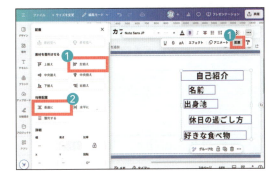

最低限押さえておきたい

# Case 6 レイヤーで背面にある要素を編集！

 **これがデキれば**

前面にある要素を動かさずに、背面にある要素を選択して編集できる！

 関連　【Case7】p.48　【Case8】p.50　【Case103】p.238

## 操作手順

① いずれかの要素をクリック
② [配置] をクリック
③ [レイヤー] をクリック
④ 編集したい要素を選択

⑤ [ツールバー] で編集

 レイヤーで変更できることや見方はこんな感じ！

### ドラッグ＆ドロップでレイヤー順を変更できる

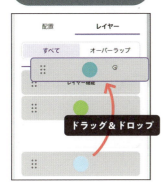

### 複数選択して右クリックでグループ化する

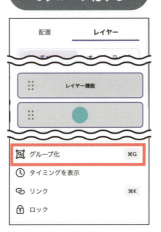

### [オーバーラップ] はデザインの要素が増えすぎたときに便利

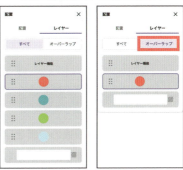

[オーバーラップ] をクリックすると、選択中の要素と重なっている要素のみ表示されるよ！

最低限押さえておきたい

# Case 7 グループ化で複数の要素をまとめる！

### これがデキれば

複数の要素をワンクリックで選択できる！
まとめて動かしたり、カラーやフォントを変更したりできる！

 関連　【Case6】p.46　【Case8】p.50　【ショートカットキー】p.244

## 操作手順

❶ グループ化したい要素を複数選択
　ドラッグまたは Shift を押しながら
　クリック

❷ ［グループ化］をクリック
　Ctrl（Macでは ⌘）＋ G でもOK

グループ化を解除したいなら

❶ グループ化した要素を選択

❷ ［グループ解除］をクリック
　Ctrl（⌘）＋ Shift ＋ G でもOK

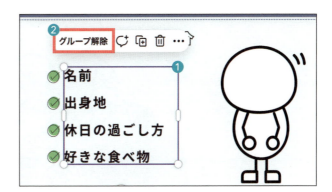

## TIPS

「グループ化したくない要素」を間違えて選択した場合、
はずしたい要素を Shift を押しながらクリックしましょう。

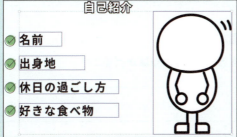
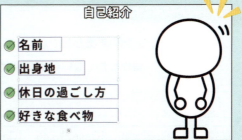

最低限押さえておきたい

# Case 8 要素をロックする！

**これがデキれば**

一部の要素が動かないように固定できる！
動かしたくない要素を固定できるため、作業がはかどる！

関連　【Case6】p.46　【Case7】p.48　【Case25】p.86

## 操作手順

① 固定したい要素をクリック
　◎複数選択する場合
　ドラッグまたは [Shift] を押しながらクリック

② [ロック] をクリック
　※解除したい場合は [ロック解除] をクリック

位置だけロック
位置を変えずに中身だけ変更可能

ロック
編集不可

**ちなみに**
ロックは2種類あるよ！ワンクリックで [位置だけロック] を [ロック] に切り替えられるよ！

---

## ロックされているか確認する方法

[配置] → [レイヤー] をクリックして、編集パネルで確認します。

◎ロックを解除する場合
　ロックしている要素を右クリック→ [ロック解除] をクリック

### 💡 TIPS

ショートカットキー：[Alt]（Macでは [option] + [shift] + [L]）で要素をロックできます。

グラフィック要素は [ロック] のみ、それ以外の要素は [位置だけロック] → [ロック] が適用されます。

最低限押さえておきたい

# Case 9 ビューモードで3種類の見え方を使い分ける!

 **これがデキれば**

用途に応じて「画面の見え方」を変更できる! 効率よく作業できる!

 関連　【Case59】p.150

## 操作手順

① デザインを開く

② [サムネイルの表示] または [グリッドビュー] をクリック

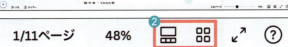

## 3種類のビューモードを使い分けよう！

### スクロールビュー

1つのページを集中して編集できる

細かい作業に向いている

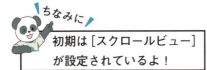

ちなみに 初期は[スクロールビュー]が設定されているよ！

### サムネイルビュー

ほかのページを確認しながら編集できる

ドラッグ＆ドロップでページの移動ができる

### グリッドビュー

ページを一覧として表示できる

ドラッグ＆ドロップでページの移動ができる

最低限押さえておきたい

# Case 10　フレームとグリッドを使いこなす！

**これがデキれば**
フレームとグリットの違いを理解し、使用目的に合わせて使いこなせる！

関連　【Case28】p.94　【Case31】p.100　【Case79】p.180

## 操作手順

### フレーム

① [素材] → [フレーム] をクリック
② 写真をドラッグして、フレームにはめ込む
③ 写真をダブルクリック→位置や大きさを調整

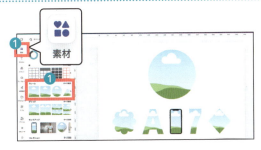

角をつかみながら調整してみよう！

### グリッド

① [素材] → [グリッド] をクリック
② 写真をドラッグして、グリッドにはめ込む
③ [間隔] をクリックし、[グリッドの間隔] を調整

フレームとグリッドには、写真だけではなく動画も入れられるよ！

### TIPS

写真の切り抜きに迷ったら写真をダブルクリックして
[スマート切り抜き]。
自動で最適な位置で切り取ってくれます。

共有

# Case 11 リンク共有の方法は3パターン！状況に応じて使い分けよう

**これがデキれば**

「共有範囲」や「権限」を指定してデザインを共有できる！

関連　【Case1】p.36　【Case13】p.62　【Case45】p.131

## 操作手順

### コラボレーションリンク

共同で編集したいときに使える！

① [共有] をクリック
② コラボレーションリンクの共有範囲や権限を設定

| 共有範囲 |
|---|
| あなただけがアクセス可能 |
| チームに共有（チーム名で表示される） |
| リンクを知っている全員 |

| 権限 | こんなときに使う |
|---|---|
| 表示可 | 確認用（コピー・ダウンロードしてもOK） |
| コメント可 | フィードバックをしてほしい |
| 編集可 | 一緒に作業したい |

**ちなみに**

「コラボレーションリンク 表示可」で共有された人は、データのダウンロードやデザインのコピーができるよ！用途に応じて「公開閲覧リンク」とうまく使い分けよう！

### 公開閲覧リンク

資料を配布するときに向いている！

① [共有] をクリック
② [公開閲覧リンク] をクリック
③ [公開閲覧リンクを作成] をクリック

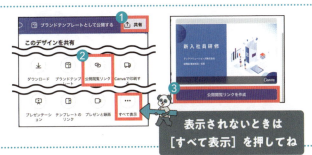

表示されないときは [すべて表示] を押してね

### テンプレートのリンク

元のデータを保管したまま、ほかの人にデザインを渡せる！

① [共有] をクリック
② [テンプレートのリンク] をクリック
③ [テンプレートのリンクを作成] をクリック

**TIPS**

「公開閲覧リンク」と「テンプレートのリンク」は後からリンクの削除ができます。期間を決めて公開したいときに活用しましょう！

共有 　　　　　　　　　　　　　　　　　　　　　　　　有料機能

# Case 12　コンテンツプランナーで SNS 投稿が Canva で完結！

**これがデキれば**

デザイン作成から予約投稿まで Canva で管理できる！
複数の SNS への投稿を管理したい場合にも使える！

 関連　【Case93】p.214

## 操作手順

### デザインから予約投稿をする

❶ 投稿したいデザインを作成

❷ [共有] → [すべて表示] をクリック

❸ ソーシャルから選択

（ここでは「X」を選択）

❹ アカウントを選択

※連携が必要な場合は、案内に沿って設定します

❺ 投稿内容を記載

❻ [公開] をクリック

［コンテンツプランナー］を
クリックして予約を確認できるよ！

次のページに続くよ！

### 操作手順

### 予約の確認・変更・中止をする

❶ ホーム画面の［アプリ］を
クリック
❷ ［コンテンツプランナー］を
クリック
❸ 予約できているかを
カレンダーで確認

### 投稿を一部変更する

❶ スケジュールに表示された投稿をクリック
❷ 日時や内容の変更
❸ ［保存してスケジュール］をクリック

### 投稿を中止する

❶ スケジュールに表示された投稿をクリック
❷ ［…］をクリック
❸ ［投稿を削除］をクリック

**TIPS**
予約投稿した後にデザインを編集すると、予約がキャンセルされます。
デザインを変更した後は、再度スケジュールを設定しましょう。

COLUMN COLUMN COLUMN COLUMN COLUMN

# おすすめ素材コレクション

素材の検索バーに set:〜〜の英数字を入れてみよう

🔍 set:nAFiT-LVczI

有料素材

🔍 set:nAGRKIA9yV4

有料素材

🔍 set:nAF-zxC1Moo

🔍 set:nAFi367-Q2I

有料素材

お気に入りの
公式クリエイターを
フォローしよう！

CREATORS CANVASSADOR

人物素材を探すなら
**まきも**さん
@makimostudio

COLUMN COLUMN COLUMN COLUMN COLUMN

共有

# Case 13 Canvaアカウントを持っていない人と共同編集が可能！

 **これがデキれば**

Canvaのアカウントを持っていない人でも
デザインの共有＆編集ができる！

 関連　【Case11】p.56

### 操作手順

❶ [共有] をクリック

❷ コラボレーションリンクを設定
・[リンクを知っている全員]
・[編集可]

❸ [リンクをコピー] でデザインを共有

> ちなみに
> Canvaのアカウントを持っていない人が使用する場合、ヘッダーに動物のアイコンが表示されるよ！

> TIPS
> ログインしなくても、素材やテキストの変更や追加・削除が可能です。ただし、ユーザーコメントに反応ができないなど、一部の機能が制限されるため注意しましょう。

管理

# Case 14
## ブランドキットによく使う
## フォント・カラー・ロゴを登録しよう!

有料機能

 **これがデキれば**

いつも使う**画像やカラー、フォントをまとめておける！**
すぐに使えるから作業を効率化できる！

 関連　【Case21】p.78　【Case25】p.86

## 操作手順

### ブランドキットの追加

❶ ホーム画面の［ブランド］→
［ブランドキット］→
［新しく追加］をクリック

❷ ブランドキットの名前を入力して［作成］をクリック

❸ ［新しく追加］をクリック

❹ ブランド登録したい項目を追加

> ちなみに
> ロゴ、カラー、フォント、ブランドボイス、写真、グラフィック、アイコンの追加ができるよ！

### ブランドキットの活用方法

❶ ［ブランド］をクリック

❷ ［ブランドキット］
（ここでは「デキレバ」）を選択

❸ 使用するブランドキットの項目を選択

> ちなみに
> カラーやフォントは［編集パネル］からも変更できるよ！

### TIPS

登録できるカラーは、無料版では1パレット3色のみですが、有料版では100パレット100色の登録ができます。

管理

# Case 15
## スター付きでお気に入りの素材をいつでも引き出そう！

**これがデキれば**

よく使う素材やお気に入りの素材を登録して、すぐに使える！
まとめて表示させられるから、検索する手間が省ける！

 関連　【Case16】p.68　【Case33】p.104　【Case101】p.234

## 操作手順

❶ 登録したい素材を選択

❷ 右クリックまたは［…］→
　［詳細］をクリック

❸ ［スターを付ける］をクリック

❹ ［プロジェクト］→［スター付き］
　をクリック

### TIPS

素材の検索画面からも、素材にスターを付けられます！

・素材にカーソルを持っていく
・［…］→［スターを付ける］をクリック

クリックせずにマウスオンすると［…］が表示されるよ

管理

## Case 16 よく使う素材をまとめて管理！

 **これがデキれば**

よく使う素材をまとめて、すぐに使用できる！
多くの素材から検索するストレスがなくなる！

 関連　【Case15】p.66　【Case26】p.90　【Case101】p.234

## 素材をまとめる方法

❶ ホーム画面からデザインファイルを作成

**ちなみに** サイズはなんでもOKだよ！

❷ [素材]→よく使う素材にマウスオン→
   […] をクリック→ [フォルダに追加]

❸ 追加したいフォルダを選択
   または [+新規作成] をクリック

※❸で新規作成した場合

❹ フォルダの名前を入力→ [新しいフォルダに移動] をクリック

**ちなみに** 使用目的に合わせてフォルダを作ると便利だよ！

## まとめた素材を呼び出す方法

❶ 素材を使うデザインページを開く

**ちなみに** デザインは既存・新規どちらでもOK！

❷ [プロジェクト]→ [フォルダ]→
   保存したフォルダ（ここでは「パンダ」）
   をクリック

❸ 使いたい素材をクリック

### TIPS

[プロジェクト] から [フォルダ] を選択した後は、
サイドバーにフォルダが表示されます。

よく使うフォルダ（ここでは [パンダ]）に
アクセスしやすくなります。

[アプリ] より下に出るよ！

管理

# Case 17
## フォルダ管理で過去に作成したデザインを迷わずに探せる！

**これがデキれば**

過去に作成したデザインがすぐに探せる！
任意のグループで整理ができる！

関連　【Case16】p.68

## 操作手順

❶ ホーム画面の［プロジェクト］を
　クリック

❷ ［新しく追加］→［フォルダ］をクリック

❸ ［フォルダ名］と［チームと共有］を設定
　→［続行］をクリック

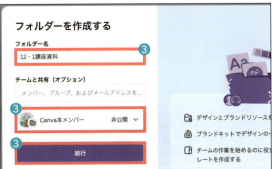

❹ 作成したフォルダの中で
　［デザインを作成］をクリック

デザインがフォルダの中に
追加されていくよ！

### TIPS

「編集済み」や「編集中」のデザインもフォルダに移動できます。

**編集済みのデザイン**（ホーム画面から選択）
・［…］→［フォルダに移動］

**編集中のデザイン**
・［ファイル］→［フォルダに移動］

テキスト

# Case 18　フォント検索で使いたいフォントを見つける！

 **これがデキれば**

欲しいフォントの雰囲気を検索できる！
さらにフィルターをかけると、理想のフォントを探しやすくなる！

 関連　【Case14】p.64　【Case21】p.78　【Case100】p.232

## 操作手順

❶ テキストボックスをクリック
❷ ［フォント］をクリック
❸ 検索欄に検索ワード（ここでは「手書き」）を入力

・手書きの文字→「手書き」
・筆で書いたような文字→「筆」

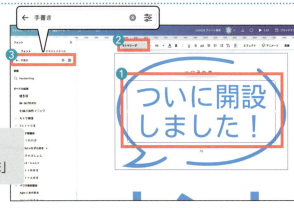

❹ 検索欄下の［英語候補］をクリック
（ここでは［handwriting］）

**ちなみに**
Canvaは英語圏のアプリケーションのため、英語検索したほうが自分の欲しいモノが見つけやすいよ！

❺ ［フィルターを表示］をクリック
❻ ［言語］と［価格］を設定し、［適用］をクリック

❼ 好きなフォントを選択

**ちなみに**
フィルターをクリアしたいときは［すべてクリア］をクリック！

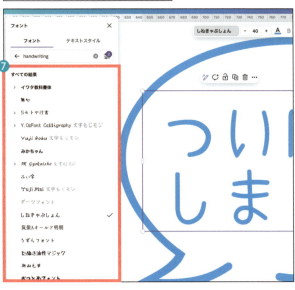

テキスト

# Case 19　テキストにあらゆるエフェクトをかけてみよう!

 **これがデキれば**

ワンクリックで文字を強調できる!
メリハリのあるデザインができる!

 関連　【Case20】p.76　【Case86】p.200　【Case100】p.232

## 操作手順

1. テキストボックスをクリック
2. ［エフェクト］をクリック
3. ［スタイル］を選択

> ちなみに
> エフェクトによって太さ・向き・強度を調整できるよ！

◎スプライスの場合

　［太さ］［オフセット］［向き］を調整し、カラーを選択できます。

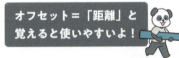

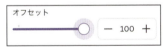

> オフセット＝「距離」と覚えると使いやすいよ！

## TIPS

スタイル＋［湾曲させる］エフェクトもかけられます！

> ［湾曲］でカーブの付け方が変更できるよ

テキスト

# Case 20 テキストボックスの余白を一瞬で縮ませる！

 **これがデキれば**

テキストボックスの余白を、一瞬で適切な幅に調整できる！
見た目がスッキリし、要素が重なる場合でも選択しやすくなる！

 関連　【Case5】p.44　【Case98】p.228　【Case103】p.238

## 操作手順

❶ テキストボックスをクリック

❷ テキストボックスの縦線の真ん中をダブルクリック

 左右どちらでもOK

❸ テキストボックスが適切な幅に縮む

ちなみに
テンプレートのテキストボックスは余白が多めにとられているよ！ユーザーが文字を変更しやすいように配慮されているんだ！

### TIPS

パソコンで作業した後、スマホ画面で見たり、ダウンロードしたりすると、「文字が変なところで折れる（改行されてしまう）」ことがあります。その場合は、テキストボックスの余白を少し広げることで解決できます！

テキスト　　　　　　　　　　　　　　　　　　　　　　　有料機能

# Case 21　Canvaにないフォントを
アップロードして使う！

 **これがデキれば**

好きなフォントをアップロードして使える！
デザインできる幅が広がる！

 関連　【Case14】p.64　【Case18】p.72

**操作手順**

❶ テキストボックスをクリック
❷ ［フォント］をクリック
❸ ［フォントをアップロード］をクリック

 ちなみに
アップロード可能なフォント形式はOTF、TTF、WOFFだよ！

❹ パソコンに保存している場所から
　アップロードしたいフォントを選択

商用利用ができるか、フォント販売元の規約を確認しよう！

❺ ファイルをアップロード

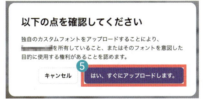 

バーがMAXになるとアップロード完了だよ

❻ ［アップロード済みのフォント］
　から選択→フォントを変更

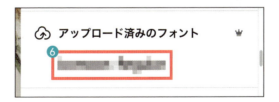

### TIPS

ホーム画面の［ブランドキット］からもフォントを追加できます。よく使うフォントの場合は、ブランドキットへ登録しておくと便利です！

カラー

# Case 22
## おしゃれなグラデーションを簡単に作成!

 **これがデキれば**

グラデーションカラーを使いこなして、デザインをおしゃれにできる!

 関連　【Case14】p.64　【Case23】p.82　【Case85】p.198

## 操作手順

1. 変更する箇所をクリック
2. ［カラー］をクリック
3. 下にスクロールして［グラデーション］から選択

> ちなみに
> パレットには18色用意されていて、ブランドキットにも登録できるよ！

## グラデーションを調整

1. パレットの［新しいカラーを追加］をクリック

◎グラデーションカラーを変更
2. 好きなカラーを選択

◎グラデーションカラーを追加
3. ［新しいグラデーションカラーを追加］
　→好きなカラーを選択し追加

◎スタイルを選択
4. グラデーションのかけ方（向き）を調整

> ちなみに
> ドラッグしてカラーの順番を変えれば、同じスタイルでもグラデーションのかけ方（向き）を調整できるよ！

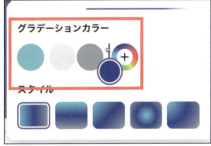

### TIPS

グラデーションを自分で作るにはコツがいります。
最初は2色から、多くても3色以内に収めるのがきれいに作るポイントです！

カラー

# Case 23 スポイト機能で画像から色を抽出！

 **これがデキれば**

気に入ったカラーを選択して、デザインに使える！
直感的に配色できる！

 関連　【Case19】p.74　【Case22】p.80　【Case24】p.84

## 操作手順

① 変更したい箇所をクリック

② ［カラー］→［新しいカラーを追加］
→［カラーを選択］をクリック

③ スポイトの状態で移動→変更したい
カラーの上でクリック

 円中央の四角の色を抽出するよ！

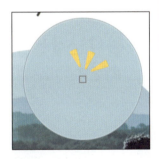

### TIPS

スポイト機能は、ディスプレイ内であればCanva外からでもカラーの抽出ができます。

カラー

## Case 24 写真内に使われているカラーをページに反映！

 これがデキれば

写真に合わせた配色が簡単にできる！
統一感のあるデザインを一瞬で完成させられる！

 関連　【Case8】p.50　【Case23】p.82　【Case25】p.86

### 操作手順

❶ 写真を右クリックまたは［…］
→［ページにカラーを適用］を
クリック

❷ 何度か繰り返し、好みの配色へ変更

> ちなみに
> ［元に戻す］ボタンを使用すると、前の配色を復元できるよ！
> ctrl（Macでは⌘）+ Z でもできる！

**TIPS**

カラーやフォントを変えたくない箇所は、写真のカラーを適用する前に
［ロック］しておきましょう。

カラー

# Case 25
## スタイル機能で、配色の組み合わせを一発で変更！

 **これがデキれば**

気に入ったテンプレートやパレットの配色をマネできる！
配色が苦手、色の組み合わせ方がわからない人も安心して使える！

 関連　【Case8】p.50　【Case14】p.64　【Case22】p.80

## 操作手順

### テンプレートから適用

❶ ［デザイン］→［テンプレート］をクリック

❷ 好きなテンプレートにカーソルを当て、［…］→［カラーのみ適用］をクリック

❸ ［カラーをシャッフル］をクリックして調整

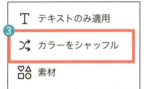

- ［テキストのみ適用］：フォントのみ変更
- ［素材］：素材を反映
- ［スタイルをページに適用］：配色とフォントも変更

カラーのみ適用

次のページに続くよ！

## 操作手順

### スタイルから適用

❶ ［デザイン］→［スタイル］を
クリック

❷ 下にスクロールして［カラーパ
レット］の［すべて表示］を
クリック

❸ パレットを選択

配色のセットが用意されているよ

ちなみに
色と一緒にフォントを変更する場合は［組み合わせ］を使おう！

### TIPS

カラーやフォントを変えたくない箇所は、スタイル機能を使う前に［ロック］しましょう。

## おすすめ素材コレクション

素材の検索バーに set:〜〜の英数字を入れてみよう

お気に入りの
公式クリエイターを
フォローしよう！

老若男女に使いやすい
島田あやさん
@shimatune

素材

# Case 26 | 素材の検索フィルターを活用して素早く見つける！

 **これがデキれば**

イメージ通りの素材をすぐに探せる！
「有料」と「無料」の素材がひと目で判断できる！

関連　【Case81】p.184

## 操作手順

❶ ［素材］をクリック

❷ 検索ワードを入力して検索→
　　≋（検索フィルター）をクリック

❸ ［カラー］や［向き］、［アニメーション］などを設定

❹ 素材を確認

**カラーを「青」で検索する場合**

**アニメーションで検索する場合**

ちなみに

無料ユーザーは以下の
フィルターがかけられるよ！
・カラー
・向き
・アニメーション
・切り抜き

TIPS

有料会員は、無料と有料の素材（価格）を分けた検索が可能です。
切り抜きでは、背景透過された素材のみが表示されるので、背景除去をする手間が省けます。

素材

# Case 27 縦横比自由の（高さや幅を変えられる）四角を作る！

 **これがデキれば**

「デザインに合う四角が見つからない」と悩まない！
四角1つで表現の幅が広がる！

 関連　【Case28】p.94　【ショートカットキー】p.244

## 操作手順

❶ [素材] をクリック

❷ [図形] から四角を選択

❸ ドラッグして調整

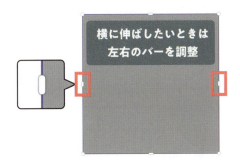
ちなみに
グラフィックの四角は、縦横比を自由に変更できないから間違えないでね！

**TIPS**
何も選択していない状態でキーボードの[R]を押すと四角が出ます。
うまく作成できない場合は、デザイン枠外をクリックしてから試しましょう。

素材

## Case 28 図形・写真・動画に枠や丸みをつける!

 **これがデキれば**

図形を思い通りに調整できる！
枠や丸みのついた図形や写真、動画が簡単に作れる！

 関連　【Case10】p.54　【Case27】p.92

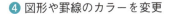

## 操作手順

### 枠をつける方法

❶ 要素をクリック

❷ ［罫線スタイル］をクリック

❸ 線の種類を選択し、罫線の太さを調整

❹ 図形や罫線のカラーを変更

塗りの色

枠の色

### 丸みをつける方法

❶ 要素をクリック

❷ ［角の丸み］をクリック

❸ ［角の丸み］を調整

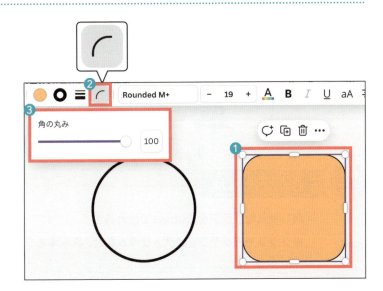

**TIPS**

枠や丸みをつけることができるのは、図形と写真、動画、フレームです。

素材

# Case 29 簡単でわかりやすいグラフを作成！

 **これがデキれば**

**おしゃれなグラフをCanvaで作れる！**
棒グラフや円グラフ、ピクトグラムなど、あらゆるデザインに対応できる！

 関連　【Case30】p.98　【Case62】p.153

## 操作手順

1. [素材]→スクロールしてグラフの[すべて表示]をクリック
2. グラフを選択して挿入
3. [データ表を展開]をクリック
4. グラフのデータやデザインを編集

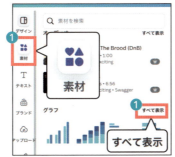

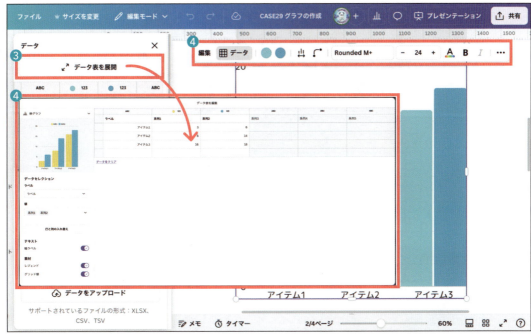

細かい作業は[データ表を展開]にすると便利！

### TIPS

インフォグラフィックの[ピクトグラム]を使用すると、アイコンを使ったデザインも作れます。
ダブルクリックして編集しましょう。

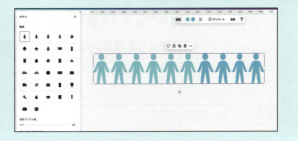

素材

# Case 30 シンプルで使いやすい表を作る！

**これがデキれば**

背景やフォントを変えて、デザインに合った表が作れる！
Canvaでデザイン性が高い表を作成できる！

関連 【Case29】p.96

## 操作手順

① [素材]→表の [すべて表示] を
クリック

② 表を選択

### 行や列を追加する方法

セルをクリック→ […] → [＋1行（列）を
追加する] をクリック

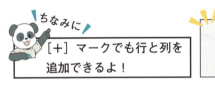

[＋] マークでも行と列を
追加できるよ！

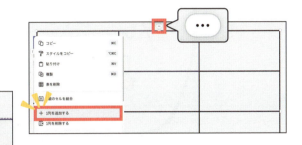

### カラーを変える方法

① 色を変えたいセルをクリック
② [カラー] を選択・変更

### 罫線を変更する方法

① 表全体をクリック
② [罫線] を選択
③ 「罫線を引く場所」「カラー」「罫線スタイル
（線の種類・太さ）」を選択・調整

### セルを結合する方法

① 結合したいセルを複数選択
　・ Shift を押しながらクリック
② 右クリック→
　[○個のセルを結合] をクリック

素材

# Case 31 フレームに吸い込まれずに素材を移動させよう！

 **これがデキれば**

必要なときだけフレーム機能を活用して、ストレスを感じずに作業ができる！

 関連　【Case8】p.50　【Case10】p.54　【Case102】p.236

## 操作手順

❶ 移動したい素材を
クリック

❷ [Ctrl]（Macでは[⌘]）を
押しながら写真を
好きな場所に配置

[Ctrl]（[⌘]）を押すことで、フレームに吸収されなくなるよ！

❸ 素材を入れたいフレームの上で
[Ctrl]（[⌘]）を離してドロップ

### TIPS

写真を入れ替える必要がない場合は、
フレームをロックしましょう。

写真をクリックして［ロック］、また
は[Alt]（Macでは[option]）＋[Shift]＋[L]で
ロックできます。
　［位置だけロック］の場合は、
画像がフレームに吸い込まれるので
［ロック］にしてください。

素材

## Case 32 組み合わせて作成したオリジナル素材をダウンロードして使い回そう!

 **これがデキれば**

デザインの中から必要な素材を選択してダウンロードできる!
例えば、自作のふきだしを保存しておくと、いつでも使い回せて時短になる!

 関連　【Case7】p.48　【Case104】p.240

## 操作手順

① 複数の要素を選択

② 右クリックまたは［…］→
［選択した素材をダウンロード］をクリック

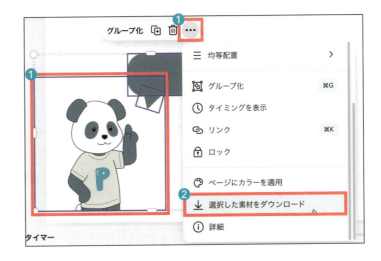

③ ファイルの種類などを設定し［ダウンロード］をクリック

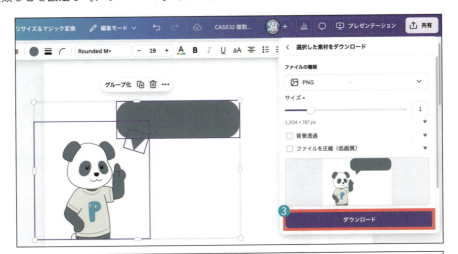

有料会員なら［背景透過］にチェックを入れてダウンロードできるよ！
ファイルの種類は、PNGまたはGIFにしてね！

**TIPS**

ダウンロードは複数選択する必要があります。Canvaでは1つのデザインコンテンツのみをダウンロードすることは禁止されているため、注意しましょう。

素材

# Case 33 似ている素材を2つのパターンで探してみよう！

 **これがデキれば**

似ているテイストの素材を探しやすくなる！
デザインに合った素材探しができる！

 関連　【Case15】p.66　【Case16】p.68　【Case101】p.234

### 操作手順

## 似ている素材を探す方法

似ているテイストの素材を検索するため、違うクリエイターの素材も表示されます。

❶ 素材を選択→右クリックまたは［…］
　→［詳細］をクリック

❷ ［似ているアイテムを表示］を
　クリック

❸ 自動でおすすめが表示される

## コレクション（統一された素材）を探す方法

クリエイターが任意で作成する項目のため、すべての素材にはありません。同じクリエイターの素材のみ表示されます。

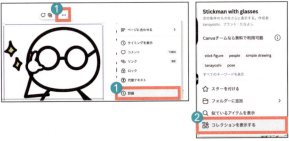

❶ 素材を選択し、右クリックまたは［…］
　→［詳細］をクリック

❷ ［コレクションを表示する］を
　クリック

❸ コレクションが表示される

「また使うかも！」と思った素材はスターをつけておくと便利！

### TIPS

検索した素材にカーソルを置いて［…］→
［似ているアイテムを表示］または
［コレクションを表示する］をクリック
しても検索できます。

画像

# Case 34 写真の色調を自動で調整！

 これがデキれば

ワンクリックで写真の色調を調整できる！

 関連 【Case35】p.108 【Case36】p.110

## 操作手順

❶ 写真を選択→［編集］をクリック

❷ ［調整］をクリック

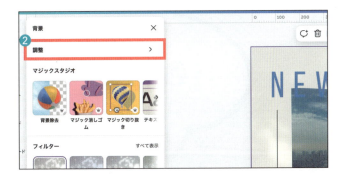

❸ ［自動調整］をクリック

**Before**

**After**

ちなみに　ホワイトバランスや明るさは手動でも調整できるよ！

画像

## Case 35 写真の一部の色を調整!

 **これがデキれば**

写真の一部の色味を簡単に変えられる!
デザインと写真の色味を合わせられる!

 関連 【Case34】p.106 【Case36】p.110

### 操作手順

❶ 写真を選択→［編集］をクリック

❷ ［調整］をクリック

❸ ［カラー調整］で変えたいカラーを選択

❹ ［色相］・［彩度］・［明度］を調整

 色を変えたい場合は、色相を調整しよう！

画像

# Case 36 前景と背景を分けて写真の色調を調整！

 **これがデキれば**

1枚の写真の中で、背景と被写体を分けて色の調整ができる！
明るさや色味を変えて、直感的に写真を加工できる！

 関連　【Case34】p.106　【Case35】p.108

## 操作手順

① 写真を選択→［編集］をクリック

② ［調整］をクリック

③ ［エリアを選択］で［前景］か［背景］を選択

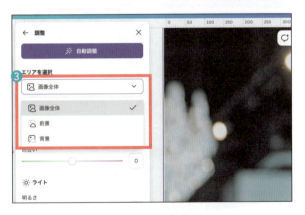

④ ホワイトバランス・ライトを調整

バーを動かして、直感的に操作できるよ！

画像　　　　　　　　　　　　　　　　　　　　　　　有料機能

## Case 37　ワンクリックで背景除去！

### これがデキれば

ワンクリックで背景をきれいに消せる！
手動で背景除去の微調整ができる！

関連　【Case39】p.118　【Case42】p.124　【Case69】p.163

## 操作手順

① 写真を選択→［編集］を
クリック

② ［背景除去］をクリック

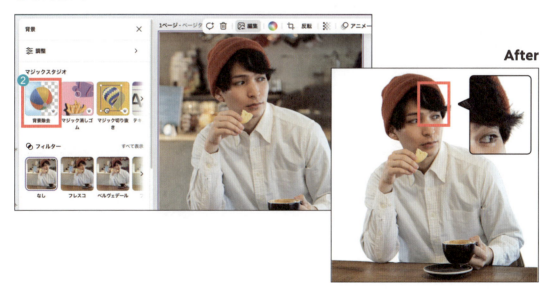

**After**

### TIPS

Canvaの背景除去は優秀です！ 手動調整をしなくても髪の毛などの細かい部分まで認識して、きれいに切り抜いてくれます。

## 操作手順

**微調整する場合**

❸ ［背景除去］をもう一度クリック

❹ ［削除］または［復元する］を選択

❺ ［ブラシサイズ］をバーで選択、または数値で入力

❻ ブラシでなぞる

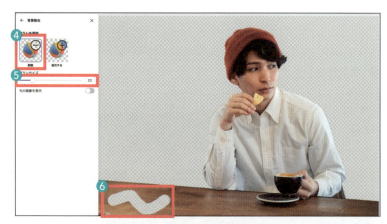

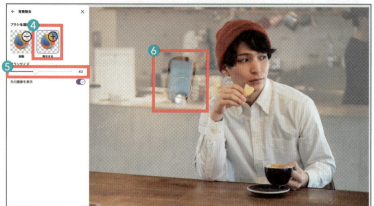

［元の画像を表示］をクリックすると、削除した部分が薄く表示されるよ

COLUMN　COLUMN　COLUMN　COLUMN　COLUMN

# おすすめ素材コレクション

素材の検索バーに set:〜〜の英数字を入れてみよう

set:nAF-pHfqdgc

有料素材

set:nAF_W4RlIE8

有料素材

set:nAF9bEp_DyY

有料素材

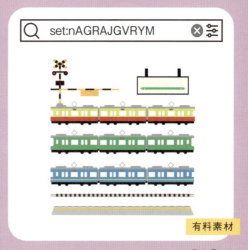

set:nAGRAJGVRYM

有料素材

お気に入りの公式クリエイターをフォローしよう！

あったらいいな！を作る

**まゆまる**さん
@mayumaru-design

COLUMN　COLUMN　COLUMN　COLUMN　COLUMN

画像　　　　　　　　　　　　　　　　　　　　　　　　　　　　有料機能

## Case 38　マジック消しゴムで画像内の一部を削除！

 **これがデキれば**

画像の一部を簡単に消せる！
映ってほしくないもの、不要なものを消してスッキリさせられる！

 関連　【Case39】p.118　【Case40】p.120　【Case43】p.126

## 操作手順

❶ 画像を選択→［編集］をクリック

❷ ［マジック消しゴム］をクリック

❸ 削除したいエリアを選択→
　［削除する］をクリック
　・［ブラシ］で消す
　　手動で消したい箇所を塗りつぶす

**ちなみに**
少し大きめに選択するのが、きれいに削除するコツだよ！

・［クリック］で消す
　AIで対象物判定された消したい箇所
　をクリック

117

画像　　　　　　　　　　　　　　　　　　　有料機能

# Case 39　マジック切り抜きで背景を残したまま被写体を切り抜く！

 **これがデキれば**

写真の被写体の大きさや位置を自由に変えられる！
被写体を編集したデザインができる！

関連　【Case37】p.112　【Case38】p.116　【Case43】p.126

### 操作手順

❶ 画像を選択→［編集］を
クリック

❷ ［マジック切り抜き］を
クリック

❸ 切り抜く対象を選択
・［ブラシ］で選択
　手動で切り抜きたい対象を
　塗りつぶす
・［クリック］で選択
　AIが対象を判定してくれる
　ため、対象をクリックする
　だけで切り抜ける

少し大きめに塗りつぶしてね！

❹ ［切り抜き］をクリック

**Before**

**After**

ちなみに
被写体があった場所には、
AIが自動生成した背景が出現するよ！
被写体の位置を動かしたい場合にも
おすすめ！

画像　　　　　　　　　　　　　　　　　　　　　　　有料機能

# Case 40 マジック加工で写真の一部を別のイメージに変換！

 これがデキれば

写真の一部を思い通りに変更できる！

 関連　【Case39】p.118　【Case43】p.126　【Case81】p.184

## 操作手順

① 画像を選択→［編集］をクリック

② ［マジック加工］をクリック

③ エリアを選択
変更したい要素を［ブラシ］で塗りつぶす
または［クリック］で選択

④ 編集内容を記入→［生成］をクリック

「帽子」「パン」などモノが変わってもOK！

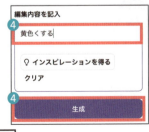

⑤ 4つの画像から選択し、［完了］をクリック

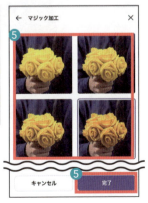

気に入った加工がなければ、［再生成する］を押してみよう！

 TIPS

顔や手、足の編集はマジック加工の対象にはできません。
生成には回数制限があるので、シンプルな編集におすすめです。

画像　　　　　　　　　　　　　　　　　　　　　　　有料機能

# Case 41　マジック拡張で画像を任意のサイズに変更！

 これがデキれば

画像に対してデザインに余白があるときに、
足りない部分をAIで伸長できる！

 関連　【Case81】p.184

## 操作手順

❶ 画像を選択→［編集］をクリック

ここの余白を、AIを使って自然に埋められるよ

❷ ［マジック拡張］をクリック

❸ サイズを選択

※顔や手、背景が透過された画像は、うまく生成されない可能性があります

今回は［ページ全体］を選択するよ！

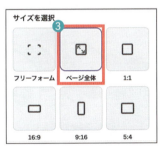
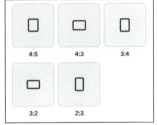

❹ ［マジック拡張］をクリック

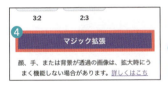

❺ 4つの画像から選択し、［完了］をクリック

ちなみに

別のパターンも見たいときは［新しい結果を生成する］をクリックしてね！

画像

# Case 42 画像にシャドウ（影）のエフェクトをかけておしゃれに仕上げる！

**これがデキれば**

写真に影をつけておしゃれにできる！
光らせる・縁取り・背景などの加工が自由にできる！

関連　【Case34】p.106　【Case37】p.112　【Case79】p.180

## 操作手順

❶ 画像を選択→［編集］をクリック

❷ ［シャドウ］をクリック

❸ シャドウの種類（ここでは ドロップ）を選択

❹ ［ぼかし量］・［角度］・［間隔］・［カラー］・［強度］を調整

**Before**

**After**

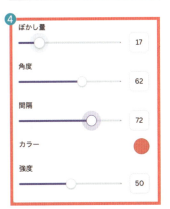

### TIPS

シャドウ機能を使えば、アイコンやイラストをステッカー風に加工できます！
［アウトライン］を選択し、サイズ「26」、強度「100」で調整すると右の画像のようになります。

画像

## Case 43 写真の一部にモザイクをかける！

 **これがデキれば**

写真加工の専用ツールがなくても、Canvaで作業できる！
プライバシー保護やセキュリティー対策ができる！

 関連　【Case38】p.116　【Case39】p.118　【Case40】p.120

## 操作手順

❶ 写真を選択→ [編集] をクリック

❷ [ぼかし] をクリック

### 部分的にぼかす

・[ブラシ] を選択
・[ブラシサイズ] と [強度] を調整
・ぼかしたい部分を塗る

塗った部分は紫色に変化するよ！

**Before**

**After**

### 全体的にぼかす

・[画像全体] を選択
・[強度] を変えて
　ぼかしを調整

### TIPS

ぼかしは後から削除することも可能です。
部分的に削除したい場合は、[削除] を選択して削除したい箇所を塗りつぶしましょう。

画像

# Case 44 フェイスレタッチでお肌の質感を調整！

 これがデキれば

肌の質感が気になる写真もきれいに仕上げられる！
ナチュラルに仕上げてくれる！

 関連　【Case34】p.106　【Case43】p.126　【Case87】p.202

### 操作手順

❶ 画像を選択→［編集］をクリック

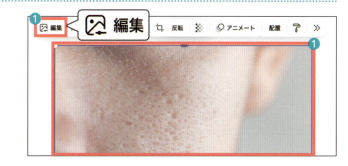

❷ ［フェイスレタッチ］をクリック

❸ ［滑らかな肌］をバーまたは数値で調整

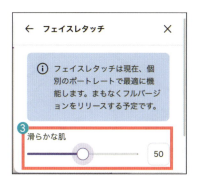

**Before**

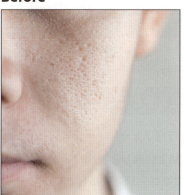

**After**

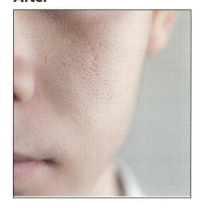

ちなみに
肌が滑らかだと、写真の印象も大きく変わるよ！

# ドキュメントの便利機能

### Canvaのドキュメントとは

WordやGoogleドキュメントのような文書作成フォーマットです。ビジュアル重視で会議の議事録やプレゼン資料を作成したい場合に便利です！基本はWebページのように区切りはなく通常1ページで完結しますが、改ページを活用すれば、印刷前提の文章作成も可能です。

ドキュメント

## Case 45 提案モードでフィードバックしよう！

### これがデキれば

共有しているドキュメントを、直接編集せずに修正の提案ができる！
修正指示や更新履歴、変更者がパッとひと目で確認できるから便利！

---

### 操作手順

#### 提案する側の手順

① [編集モード] → [提案モード] を選択
② 修正提案したいテキストを選択し、テキストを入力すると、消した文字に取り消し線が出現

提案した文字に取り消し線がつくよ！

#### 修正する側の手順

③ [編集モード] になっていることを確認
④ 変更箇所をクリック→コメントから [受け入れる] または [拒否する] を選択

| 関連 | 【Case1】p.36　【Case2】p.38　【Case11】p.56 |

ドキュメント

## Case 46 文章に迷った場合はマジック作文を活用しよう！

**これがデキれば**

イチから考えなくても、アイデアを出せばAIが文章を作ってくれる！
生成した文章の修正も簡単にできる！

### 操作手順

1. ［マジック作文］をクリック
2. 作成したい文章に関連する用語を入力
3. ［生成］をクリックすると文章が生成
4. ［追加］をクリックして本文に差し込む

### 修正したい場合

5. 修正したい文章を選択
6. ［マジック作文］をクリック
7. 一覧から修正方法を選択

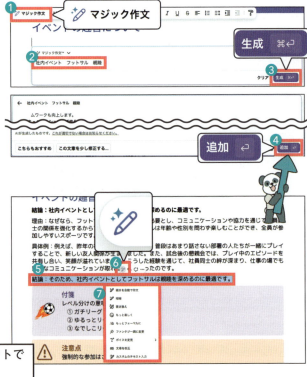

 ちなみに
マジック作文は、無料アカウントで50回まで使用できるよ！

関連　【Case82】p.186　【Case105】p.242

> ドキュメント

## Case 47 改ページで文章を整理し印刷ページを区切る！

 **これがデキれば**

文章を好きな位置で区切って、複数のページとして見せられる！
**長い文章が読みやすくなる！**

### 操作手順

① 区切りたい場所にカーソルを置く
② ［クイックアクション］をクリック
③ ［改ページ］をクリック

ちなみに Back space （Macでは delete ）キーを押せば改ページを消せる！

 **TIPS**

改行した位置で印刷ページが変わるわけではないので、注意しましょう。

| 関連 | 【Case48】p.134　【Case49】p.135 |

ドキュメント

## Case 48 コラムで情報を整理＆可読性アップ！

### これがデキれば

ドキュメントに写真や動画などをキレイに並べて表示できる！
ビジュアルを生かし、読みやすく印象に残る資料が作れる！

### 操作手順

❶ ［クイックアクション］をクリック
❷ ［列］の種類を選択
　　または［素材］→［コラム配置］から選択
❸ 列に要素を入れる

ちなみに
列に入れられるのはグラフィックと写真、動画、テキストだよ！

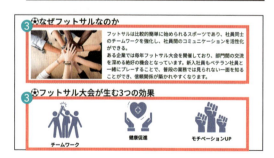

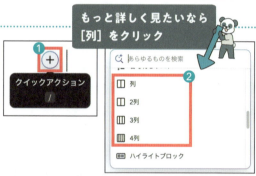
もっと詳しく見たいなら［列］をクリック

❹ 要素を選択→［レイアウトの間隔］をクリック→［列間隔］を調整

ここの幅を変えられるよ！

関連　【Case47】p.133　【Case49】p.135

ドキュメント

## Case 49 特記事項にはハイライトブロックを使おう！

 **これがデキれば**

文章で重要な箇所や特記事項を目立たせて、
大事なところがひと目でわかる！

### 操作手順

① ［クイックアクション］または［素材］
→ ［ハイライトブロック］をクリック

② ［ハイライトブロック］を選択
③ カラーやテキスト（見出し・本文）を変更

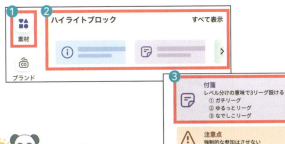

**TIPS**

ハイライトブロックの左にあるアイコンは［素材］からグラフィックや写真に変更できます。

**関連** 【Case47】p.133 　【Case48】p.134 　【Case50】p.136

ドキュメント

# Case 50 アウトラインを設定して読みたい箇所へジャンプ！

**これがデキれば**

文章に目次をつけて、見たい箇所へアクセスしやすくできる！

## 操作手順

### アウトラインを設定

1. アウトラインに載せたい箇所を選択
2. 以下の方法で変更可能
   - H1（見出し）または H2（小見出し）をクリック
   - ハイライトブロックに変更（p.135を参照）

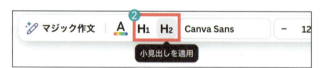

### アウトラインを確認

1. ［アウトライン］をクリック
2. ［編集画面］の左側に表示されるテキストをクリック

 関連　【Case49】p.135

# ホワイトボードの便利機能

### Canvaのホワイトボードとは

リアルタイムで共同作業できる、無限のスペースです。
アイデアをビジュアルで表現できる点が魅力！
マインドマップやフローチャート、ロードマップと活用方法はさまざまで、
オンライン会議でアイデアをまとめるツールとしても使えます。

次のページに続くよ！

ホワイトボード

## Case 51 ホワイトボードの付箋を活用！

**これがデキれば**

会議やブレインストーミングをスムーズにできる！
発言する人を限定せず参加者のアイデアを集めやすい環境が作れる！

### 操作手順

❶ ［素材］→［付箋］をクリック

**ちなみに**
ショートカットキー S でも付箋が出せるよ！
どこも選択していない状態で押すのがポイントだよ！

❷ テキストを入力

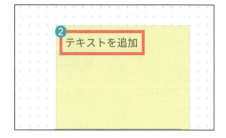

❸ ［カラー］で色を変更

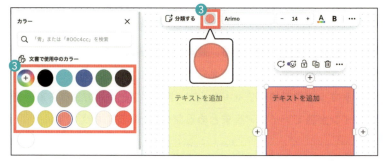

> 操作手順

## 名前を表示する場合

④ 右クリックまたは［…］→［氏名を入力］を
クリック

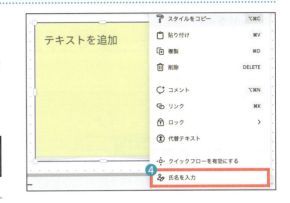

名前はCanvaのアカウント名が自動
反映されるよ！

## 名前を非表示にする場合

⑤ 右クリックまたは［…］→［名前を削除］を
クリック

## 付箋を追加したい場合

⑥ 付箋の上下左右に表示される［+］マークを
クリック

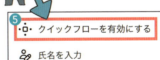

### TIPS

付箋同士を関連づけるときは、［+］を長押し→関連づけたい付箋へドラッグ&ドロップしましょう。

関連　【Case1】p.36　【Case52】p.140　【Case53】p.141

ホワイトボード

# Case 52 一撃で付箋を分類する！

 **これがデキれば**

バラバラの付箋を目的ごとに分類・並べ替えできる！
付箋の数が多くても整理が簡単にできる！

## 操作手順

❶ 分類したい付箋を複数選択
ドラッグまたは [Shift] を押しながらクリック

❷ [分類する] をクリック

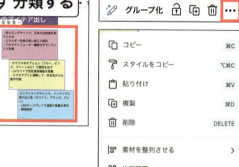

❸ [トピック別] [カラー別] [名前別] [リアクション別] から選択

❷は […] → [分類する] でも同じ操作ができるよ！

**ちなみに**
目的別に分類できるよ！
トピック別では、自動でAIがグループ名もつけてくれるんだ！

関連　【Case51】p.138　【Case53】p.141

ホワイトボード

## Case 53 ホワイトボードの付箋をシートに貼り付ける！

**これがデキれば**

付箋に書いた内容をExcelやスプレッドシートでも使える！

### 操作手順

❶ 付箋を複数選択
　ドラッグまたは Shift を押しながらクリック

❷ 右クリックまたは［…］→［コピー］をクリック

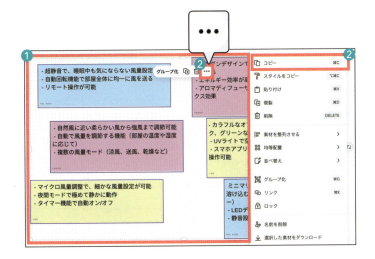

❸ シートに［貼り付け］

 ▶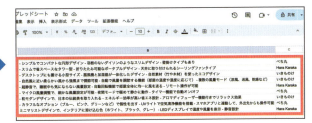

関連　【Case51】p.138　【Case52】p.140　【Case84】p.194

ホワイトボード

# Case 54
# ホワイトボード限定！共同編集者の動きを追尾！

**これがデキれば**

注目したい相手の操作画面へジャンプできる！
迷子になりがちなホワイトボード上で使える便利機能！

## 操作手順

① 追尾したい人のアイコン→［フォロー］をクリック

ちなみに
アイコンが見えないときは［+］マークを押すと、今デザインにアクセスしている人が一覧で見られるよ！

相手が移動や画面の拡大・縮小をしても、自動で追いかけてくれるよ！

② 追尾を終わらせたいときは、［フォローを停止］をクリック

関連 【Case1】p.36 【Case13】p.62

ホワイトボード

## Case 55 ホワイトボードにページを追加！

**これがデキれば**

無限に広がるホワイトボードを整理してわかりやすくできる！
必要な情報に簡単にアクセスできる！

### 操作手順

❶ フッターの［グリッドビュー］をクリック

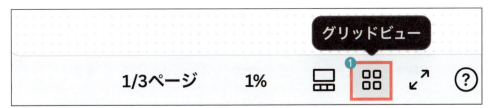

❷［ページを追加］をクリック

 ちなみに
目的別に分けておくと、作業するときに必要な情報にアクセスしやすいよ！

 関連　【Case9】p.52

ホワイトボード

## Case 56 タイマー機能を使って共同編集を楽しくする！

 **これがデキれば**

タイマーをかけてメリハリをつけた作業ができる！
音楽でテンションを上げながら作業しよう！

### 操作手順

❶ フッターの［タイマー］をクリック

❷ タイマーを設定

| 時間 | 音楽 | 音量 |
|---|---|---|

1分ずつ設定、または手動で入力　　5つのパターンから選択　　バーで調整

**ちなみに**
残り10秒からカウントされるよ！
終了時はタイマーが紫色に変化するから見た目にもわかりやすいんだ！

 関連　【Case11】p.56　【Case13】p.62　【Case63】p.154

144

# プレゼンテーションの便利機能

### Canvaのプレゼンテーションとは

共同作業や動画・リンク挿入が可能なCanvaのプレゼンテーションを使えば、より魅力的な資料やプレゼンスライドが作れます。メモやタイマー、リアクションなど便利な機能を活用してあなたの想いを聴衆の心に響かせましょう！

次のページに続くよ！

プレゼンテーション

# Case 57 配置済みのレイアウトを活用！

**これがデキれば**

気に入ったテンプレートがなくても、
**ゼロからプレゼン資料を作る手間がはぶける！**

## 操作手順

❶ ［デザイン］→［レイアウト］から選択

❷ 選択したレイアウトのテキストやフレームを編集

好きな配置を選べば、簡単にレイアウトが完成するよ！

## 操作手順

### レイアウトを変更する方法

❶ レイアウトを変更したいデザインを表示

> ちなみに
> 気に入ったテンプレートを使うと簡単だよ！ AIがいい感じにレイアウトを変更してくれるんだ！

❷ ［デザイン］→［レイアウト］から選択

❸ レイアウト内の位置を微調整

 ▶

| 関連 | 【Case25】p.86 |

プレゼンテーション

## Case 58 クリックして要素を順番に表示させる！

**これがデキれば**

テキストやグラフを好きなタイミングで表示できる！
動きをつけた効果的なプレゼン資料が作れる！

### 操作手順

❶ リックして表示させたい要素を複数選択
　ドラッグまたは Shift を押しながらクリック
❷ ［アニメート］→［クリックすると表示］をオンにする
❸ ［順序をクリック］をクリック

複数の要素を同時に表示させたい場合は、
［グループ化］しておこう！

## 操作手順

❹ ドラッグ＆ドロップで順番を変更

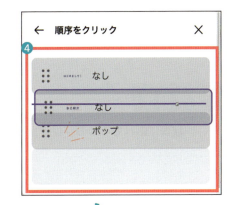

上にある要素から順番に表示されるよ！

❺ ［全画面表示］をクリック→
画面をクリック

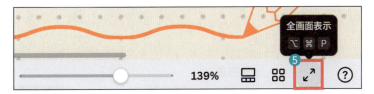

### TIPS

要素に動きをつけたいときは、好きなアニメートを選択しましょう。
アニメートの動きはマウスオンで確認できます。

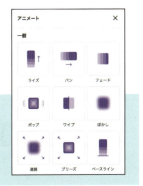

関連　【Case59】p.150　【Case66】p.158　【Case67】p.160

プレゼンテーション

## Case 59 4種類のプレゼン機能を使い分ける！

**これがデキれば**

状況に応じて4つのプレゼンモードを使い分けられる！

### 操作手順

❶ ［プレゼンテーション］をクリック

❷ 4種類から選択

**全画面表示**

パソコン上に全画面表示される。パソコン画面を見せて話すときに便利。

**発表者モード**

次のスライドやメモ、時間、タイマーを確認しながらプレゼンできる。

**プレゼンと録画**

プレゼンに参加できない人に、録画してリンクで共有できる。

**自動再生**

設定した時間でページを自動で進めてくれる。ページを進める時間は［タイミング］で調整できる。

関連　【Case60】p.151　【Case61】p.152　【Case63】p.154

プレゼンテーション

## Case 60 発表者モードを活用してプレゼン！

**これがデキれば**

メモやプレビューなどがない画面を参加者に共有できる！
本番でも安心して発表できる！

### 操作手順

① ［プレゼンテーション］→［発表者モード］→
［プレゼンテーション］をクリック

② プレゼンテーションウィンドウと参加者ウィンドウが表示される
※画面を共有するときは［参加者ウィンドウ］を選択

③ プレゼンテーションウィンドウで以下を確認しながら発表

時間 経過時間

スライドプレビュー　　メモ

**TIPS**

画面を2つ用意して、それぞれのウィンドウを表示させて共有すると
操作がしやすいです。

関連　【Case59】p.150　【Case61】p.152　【Case63】p.154

プレゼンテーション

## Case 61 メモ機能を活用して発表をよりラクに！

**これがデキれば**

自分だけに表示されるメモを見ながらプレゼン発表ができる！
プレゼン中でもメモを編集できて便利！

### 操作手順

❶ ［メモ］をクリックしてテキストを入力

❷ ［プレゼンテーション］→［発表者モード］→［プレゼンテーション］をクリック

❸ テキストサイズを調整
　［−］［+］で直感的に大きさを調整

❹ テキストを編集
　情報の追加や削除が可能

 関連　【Case59】p.150　【Case60】p.151

プレゼンテーション

## Case 62 プレゼンの拡大機能で画面の一部を大きく見せる！

**これがデキれば**

プレゼンの途中でも大事な場所をスムーズに拡大できる！

### 操作手順

❶ プレゼンモードの画面で［拡大および縮小］をクリック

❷ バーで調整

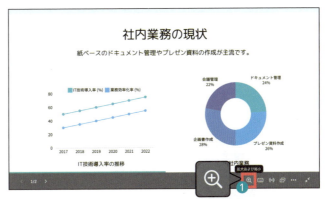

**ちなみに**
Ctrl（⌘）を押しながらスクロールでも操作できるよ！

### TIPS

グラフにカーソルを当てると、詳細を確認できます。

関連　【Case59】p.150　【Case60】p.151

プレゼンテーション

## Case 63 タイマー機能でスムーズにイベントを進める！

**これがデキれば**

プレゼン中のディスカッションの時間配分を完璧にできる！

### 操作手順

① プレゼンモードの画面で［…］→［タイマーを表示する］をクリック

② タイマーを設定

| 時間 | 音楽 | 音量 |
|---|---|---|
|  |  |  |
| 1分ずつ設定、または手動で入力 | 5つのパターンから選択 | バーで調整 |

**ちなみに**

タイマーが表示されていない状態で、1〜9の数字キーを押すと、それぞれの時間を設定したタイマーを出せるよ。「1〜9」はそれぞれの分数を設定したタイマー、「0」は3秒のタイマーが表示されるよ！

関連　【Case56】p.144　【Case59】p.150　【Case60】p.151

プレゼンテーション

## Case 64 マジックショートカットでプレゼンを盛り上げよう！

 **これがデキれば**

プレゼン発表にメリハリをつけて、**盛り上げられる**！

### 操作手順

❶ プレゼンモードの画面で［マジックショートカット］をクリック

❷ マジックショートカット一覧から選択

**ちなみに**
横にあるアルファベットがショートカットキーだよ！

### TIPS

◎パソコンから離れて発表したいとき
　［…］→［リモート操作で共有する］を
　クリックし、二次元バーコードを
　読み取りましょう。
◎共同で発表したいとき
　二次元バーコード下の［リンクをコピー］
　して発表者に共有しましょう。

関連　【Case59】p.150　【Case60】p.151　【Case63】p.154

# 動画の便利機能

### Canvaの動画とは

SNSのショート動画や写真をつなげて作るスライドショー、撮影した動画の編集など、はじめて動画を作るときにおすすめです！Canvaの機能と素材を組み合わせて、イメージ通りの動画を作れます！

動画

## Case 65 動画の速度調整と分割を活用しよう！

 **これがデキれば**
動画の速度調整や、リピート再生・自動再生の設定ができる！

### 操作手順

❶ 動画を選択し、[再生] をクリック

❷ [動画の速度] を調整

 最大で2倍速、最小で0.25倍速に調整できるよ！

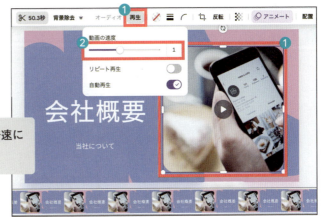

### TIPS

動画の一部だけ早くしたり、遅くしたりする場合は、ページを分割して、各ページの速さを調整しましょう。
❶ サムネイル表示にし、動画シーンを選択
❷ 再生ヘッド（矢印がついた黒い線）を分割したい位置へ移動
❸ 右クリックまたは [⋯] → [ページを分割する] をクリック

 関連　【Case67】p.160　【Case68】p.162

動画

## Case 66 オリジナルのアニメーションを作成！

**これがデキれば**

要素（素材や写真、テキストなど）を自分の思い通りに動かせる！
既存のアニメートに理想の動きがないときでも、自分で作れる！

### 操作手順

❶ 要素を選択し［アニメート］→［アニメーションを作成］をクリック

❷ 要素を選択しドラッグして、アニメーションを作成

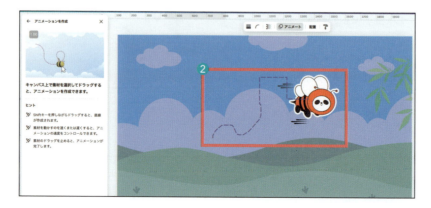

## 操作手順

❸ アニメーションを調整
- ムーブメントスタイル（素材の動き）
- 素材をパスに沿って動かす（パス通りに動く）
- 速度（要素の速さ調整）
- プレゼンテーションの設定
  （プレゼン時にクリックで表示させるか）
- エフェクトを追加（持続的に要素を動かす）

❹ アニメーションの動きを確認できたら
　［完了］をクリック

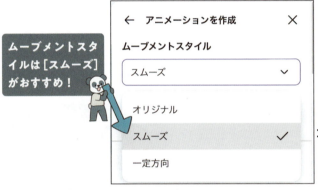

ムーブメントスタイルは［スムーズ］がおすすめ！

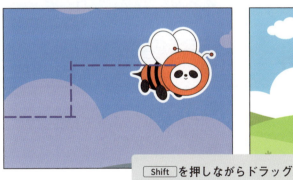

Shift を押しながらドラッグすると、直線を引けるよ！

| 関連 | 【Case58】p.148　【Case67】p.160 |

動画

# Case 67 動画の好きなタイミングで要素を表示！

**これがデキれば**

シーン内で要素（素材やテキスト）の表示タイミングを好きなように調整できる！

## 操作手順

❶ タイミングを調整したい要素を複数選択
　ドラッグまたは Shift を押しながらクリック

❷ 右クリックまたは［…］→［タイミングを表示］をクリック

選択した要素は紫のバーが出現するよ！

**TIPS**

紫のバーが見づらいときは、
❶［サムネイルをズームする］に変更し、❷バーで拡大率を調整しましょう。

数字をクリックしても変更できるよ！

### 操作手順

❸ 調整したい紫のバーを選択→ドラッグしてタイミングを調整

## タイミングを非表示にする場合

❶ バーを右クリックまたは［…］→［タイミングを非表示］をクリック

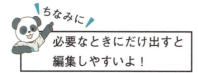

ちなみに
必要なときにだけ出すと編集しやすいよ！

## グループ化した要素の内容を確認したい場合

❶ バーの右にある［グループ化のマーク］をクリックし、グループ化した要素を確認

❷ 再度クリックし、グループ化した要素を非表示

関連　【Case7】p.48　【Case58】p.148

動画

## Case 68 シーンの間におしゃれなトランジションを設定してみよう！

### これがデキれば

シーンの切り替えにアニメーションをつけて、
動画をスムーズかつナチュラルに仕上げる！

### 操作手順

① サムネイルビューを選択
　（Case9 p.52参照）

② シーンの間にカーソルを当て
　［切り替えを追加］をクリック

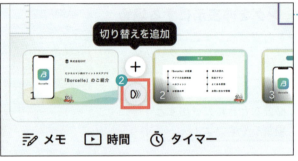

③ トランジションから選択

初心者さんにおすすめなのはディゾルブ！ 徐々にシーンの切り替えをしてくれるよ！

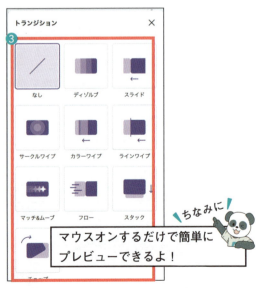

マウスオンするだけで簡単にプレビューできるよ！

関連　【Case65】p.157　【Case70】p.164

動画　　　　　　　　　　　　　　　　　　　　　有料機能

## Case 69 動画の不要な背景を除去！

 **これがデキれば**

動画の背景が不要な場合にきれいに消せる！

### 操作手順

❶ 動画を選択→［編集］を
クリック

❷ ［背景除去］をクリック

Before  After

 写真と違って、一部分だけなどの微調整はできないよ！

 関連　【Case37】p.112

動画　　　　　　　　　　　　　　　　　　　　　　　　　　　　　有料機能

## Case 70　ビデオハイライトで重要部分を自動で切り取る！

**これがデキれば**

自分で動画編集しなくても、重要な部分を切り抜いてハイライト風の動画が作れる！
旅行やイベントの動画を、簡単に短い動画にまとめられる！

### 操作手順

❶ 動画を選択→［編集］をクリック

❷ ［ハイライト］をクリック

❸ ハイライトにしたい項目を選択→［選択項目をデザインに追加］をクリック

動画の見どころを自動で切り抜いてくれるよ！

**ちなみに**　必要なところだけ選べば、すぐに見どころを押さえた動画が作れるよ！

関連　【Case65】p.157　【Case68】p.162

動画

有料機能

## Case 71 動画の音声ノイズを一瞬でクリアに!

**これがデキれば**

ワンクリックで動画内の雑音を消せる！
カフェや屋外で撮影した場合も、自分の声をクリアにできる！

### 操作手順

❶ 動画を選択→［オーディオ］をクリック

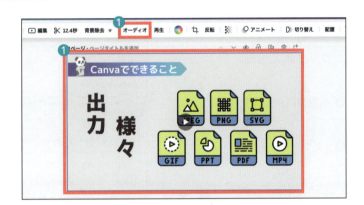

❷ ［音声補正］をオンにする

音声補正は少し時間がかかるよ！ コーヒー片手に一息ついて待ってみてね！

 関連　【Case72】p.166

動画　　　　　　　　　　　　　　　　　　　　　　　　　　　　有料機能

## Case 72　ダウンロードする動画品質を設定！

**これがデキれば**

目的に応じて動画の解像度が選べる！
動画品質を480p・720p・1080p(HD)・4K(UHD)でダウンロードできる！

### 操作手順

❶ ［共有］→［ダウンロード］をクリック

❷ 品質のバーを調整

❸ ［ダウンロード］をクリック

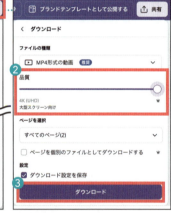

右にいくほど、高画質の動画になるよ！

### TIPS

通常は選択したページが1つの動画としてダウンロードされます。
シーンごとに分けてダウンロードしたい場合は、［ページを個別のファイルとしてダウンロードする］にチェックを入れましょう。

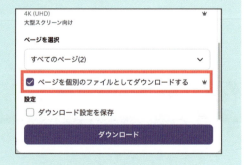

関連　【Case70】p.164

# おすすめ素材コレクション

素材の検索バーに set:〜〜の英数字を入れてみよう

set:nAGQPCQP1P8

有料素材

set:nAGBtBPsdK0

set:nAGB739YpTQ

set:nAGB57hWJQo

お気に入りの
公式クリエイターを
フォローしよう！

ゆるっと素材が得意

もふこさん

@mofu-design

# Webサイトの便利機能

### CanvaのWebサイトとは

デザインに関する知識がなくても、簡単にWebサイトの作成が可能です！
テンプレートを使用し、素材をドラッグ＆ドロップして、
オリジナルのWebサイトに仕上げましょう。
Canvaドメインを無料で取得して、モバイル対応のデザインも
Webに公開できます。

Webサイト

## Case 73 【必須】サイトを公開する前には必ずプレビューで確認!

**これがデキれば**

Webサイトを公開する前に、サイトのデザインをいち早くチェックできる!
スマホとパソコンからの見え方の違いが簡単にわかる!

### 操作手順

❶ [プレビュー] をクリック

❷ [デスクトップ] または [モバイル] をクリック

**ちなみに** [モバイルでサイズを変更] にチェックを入れると、スマホに適したサイズに変更してくれるよ!

| 関連 | 【Case74】p.170 　【Case77】p.176 |

| Webサイト |
| --- |

## Case 74 読者にわかりやすいナビゲーションメニューを設定しよう!

**これがデキれば**

サイトを訪れた人がすぐに見たいページに移動できる!
Webサイトに関する知識がなくても設定できる!

### 操作手順

### ナビゲーションメニューとは

ページをWebサイトとして公開した際、ヘッダーに出現するメニューのことです。例えばメニュー（ここでは[デキレバとは]）をクリックすると、該当ページに一瞬で飛びます。

## 操作手順

### ナビゲーションメニュー名の設定方法

◎スクロールビューの場合

❶ フッターの［メモ］をクリック
❷ ［ページタイトルを追加］にナビゲーションメニュー名を入力
❸ ［プレビュー］をクリック→
　右上の［ナビゲーションメニュー］を確認

◎サムネイルビューの場合

❶ サムネイル下の数字の横をクリック
❷ ナビゲーションメニュー名を入力

> ちなみに
> スクロールビューと同様に、フッターの［メモ］からもナビゲーションメニュー名の設定ができるよ！

❸ ［プレビュー］をクリック→
　［右上のナビゲーションメニュー］を確認

関連　【Case9】p.52　【Case73】p.169

Webサイト

# Case 75
## 無料で取得！Canvaドメインの設定方法

**これがデキれば**

自分の作ったサイトを無料で公開できる！好きな名前でドメインが作れる！

### 操作手順

❶ ［Webサイトを公開］→［カスタムドメインを使用］をクリック

❷ ［無料のCanvaドメインを申請する］を選択し［続行］をクリック

## 操作手順

❸ [ドメイン名] を入力→ [無料ドメインを申請] をクリック

無料ドメインは「my.canva.site」が後ろにつくよ！

以下のドメインはそれぞれの理由により使用できません。
- すでに使用されているドメイン：
  重複で利用不可
- 「canva」を含むドメイン：
  商標ポリシー違反

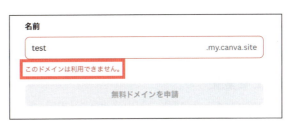

❹ [このドメインを使用する] をクリック

取得したドメイン名が表示されるよ！

### TIPS

Canvaアカウント1つにつき、1つのドメイン取得が可能です。
無料会員は5サイトまで、Canvaプロの場合は無制限にサイトの公開が可能です。
ドメインは後から変更でき、今まで公開されていたサイトにも自動で反映されます（処理に数分かかります）。

 関連 【Case76】p.174 【Case77】p.176

> Webサイト

# Case 76
## URL、ファビコンの設定をして こだわりを持ったWebサイトに！

### これがデキれば

WebサイトのURLとファビコンを設定し、**より洗練したサイト**が作れる！

### 操作手順

#### URLを変更

❶ ［Webサイトを公開］→［WebサイトURL］をクリック

❷ URLを変更し、チェックマークをクリック
❸ ［Webサイトを公開］をクリック
※ファビコンも設定する人は、
クリックせずに次ページへ進みましょう。

ちなみに
ここでは、赤文字の部分を設定するよ！
https://dekireba.my.canva.site/homepage

### 操作手順

## ファビコンを設定

ファビコンはブラウザのタブに表示されるアイコンのことだよ！

❶ [Webサイトを公開] → [公開設定] をクリック

❷ [ブラウザタブのプレビュー] を編集
❸ ファビコンをクリック→画像を設定
　 → [完了] をクリック
◎設定できる画像
　・新規アップロード
　・ブランドキットのロゴ

❹ タブの名前（ファビコン横に表示されるサイト名）を変更・確認
❺ [Webサイトを公開] をクリック

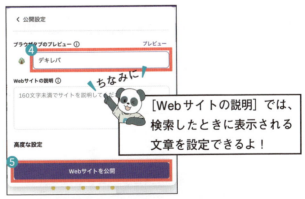

[Webサイトの説明] では、検索したときに表示される文章を設定できるよ！

---

関連　【Case14】p.64　【Case75】p.172　【Case77】p.176

Webサイト

## Case 77 Webサイトを公開！

**これがデキれば**

目的に合わせてWebサイトの詳細な設定ができる！
パスワード保護をして限定公開もできるから安心！

### 操作手順

❶ ［Webサイトを公開］→［公開設定］→［高度な設定］をクリック

❷ ［パスワード保護］［検索エンジンでの表示］
　　［リンクのプレビュー］を無効または有効に設定

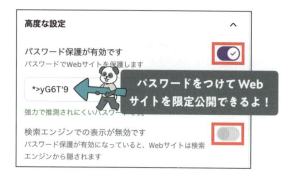

パスワードをつけてWebサイトを限定公開できるよ！

表示される画像は、アップロードして変更できるよ！

## 操作手順

❸ [Webサイトを公開] をクリック

## 公開済みのWebサイトを一覧で確認したい場合

❶ ホーム画面の [設定] をクリック
❷ [ドメイン] → [表示] をクリック

公開済みのサイトを一覧で確認できるから、とても便利だよ!

### TIPS

Webサイトを公開した後にデザインを編集すると、再公開が必要になります。忘れずに行いましょう。

| 関連 | 【Case73】p.169　【Case75】p.172　【Case76】p.174 |

| Webサイト | 有料機能 |

## Case 78 インサイトで閲覧者の傾向をチェックしよう！

**これがデキれば**

どんな人がどこからアクセスしたか分析できる！
分析した情報をサイト運用に生かせる！

**操作手順**

❶ [インサイト] をクリック

分析したい期間はここで設定できるよ！

> 操作手順

## 分析の方法

❶ 閲覧数

リアルタイムの人数や、国、デバイスごとのアクセス数を確認できます。

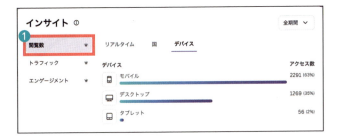

❷ トラフィック

どこからサイトを訪れたのかがわかります。

SNSや検索エンジンから来ているなどの詳細を知ることが可能です。

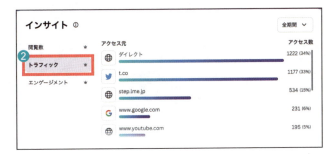

❸ エンゲージメント

どのリンクからサイトに訪れたのかがわかります。

関連　【Case77】p.176

アプリ

# Case 79 「Choppy Crop」で写真を好きな形に切り抜く！

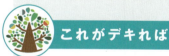 これがデキれば

クリックするだけで、自分の理想の形に画像を切り抜ける！

 関連 【Case10】p.54 【Case37】p.112

## 操作手順

① [アプリ] → [Choppy Crop] を選択

> ちなみに
> アプリ名で覚えるのは大変だから、アイコンで覚えるのがおすすめだよ！

② 切り抜きたい画像（写真）をクリックして選択

> ③の操作は、左の編集パネルでしてね！

③ 切り抜く範囲をクリックで調整

> ちなみに
> 細かくクリックしていくと、より丸く切り抜けるよ！
> はじまりの点と終わりの点はしっかり閉じてね。

④ [Add to design] をクリック

アプリ

# Case 80
## URLをコピペするだけで、「二次元バーコード」を作成!

 **これがデキれば**

デザインに合わせたオリジナルの二次元バーコードが簡単に作成できる!

 関連　【Case14】p.64

## 操作手順

❶ ［アプリ］→「QR」と検索

❷ ［QR code］を選択

二次元バーコードが作れるアプリはたくさんあるよ！
今回は一番シンプルなアプリを紹介するね。

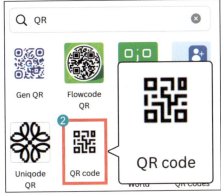

❸ URLを入力

❹ ［カスタマイズ］を選択し、カラーと余白を設定

背景色と前景色（バーコードの色）は、区別しやすい色にしよう！ 背景色・前景色のどちらかを白にするのがおすすめ！

❺ ［コードを生成］をクリック

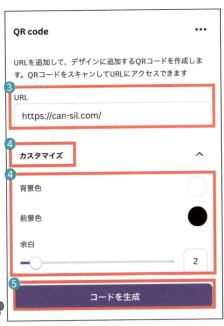

### TIPS
あとから設定を変更したい場合は、作成した二次元バーコードをダブルクリックしましょう。URLやカラーの変更も簡単にできます。

※QRコードは株式会社デンソーウェーブの登録商標です。

アプリ

# Case 81 「マジック生成」を使って AIでオリジナル画像を作成！

 **これがデキれば**

自分のイメージに近い画像や動画をAIで生成できる！
素材が見つからなくても、AIで作れる！

 関連 【Case26】p.90 　【Case37】p.112 　【Case39】p.118

## 操作手順

❶ [アプリ] → [マジック生成] を選択

❷ [画像] [グラフィック] [動画] から選択

今回は画像でやるよ！

❸ [作成するものを説明] に生成したいものを入力

❹ [スタイル] を選択

ちなみに [すべて表示] をクリックすると、たくさんのスタイルが表示されるよ！

❺ [縦横比] を選択

❻ [画像を生成] をクリック

❼ 画像を選択

残りの回数はここで確認できるよ！

再生成で違うパターンを作れるよ！

月に作成できる回数は、無料だと画像系は50回、動画は5回だよ！
有料だと画像系は500回、動画は50回生成できるよ！

### TIPS

AIに関する規約は常に変化しますので、詳しくは公式ページをご確認ください。
https://www.canva.com/ja_jp/policies/ai-product-terms/

185

アプリ　　　　　　　　　　　　　　　　　　　　　有料機能

# Case 82 「AI自動翻訳」でどんな言語もサクッと翻訳！

 **これがデキれば**

日本語で作成した文章を簡単に他言語に変換できる！
外国語のテンプレートを日本語に変換できる！

 関連　【Case46】p.132　【Case92】p.212

## 操作手順

❶ ［アプリ］→［AI自動翻訳］を選択

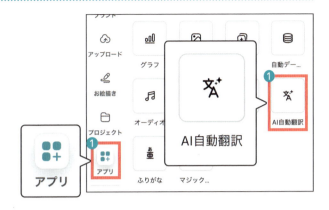

❷ 翻訳したい言語（ここでは日本語）を検索または選択

言語を選択すると、文章の雰囲気も調整できるよ！

❸ 適用範囲を選択

翻訳できる範囲を、ページ全体かページ内のテキストかを選択できるんだ！

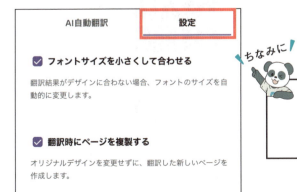

ちなみに
［設定］をクリックして確認できるよ！デフォルトではフォントサイズや複製がオンになっているよ！

次のページに続くよ！

## 操作手順

❹ ［AI自動翻訳］をクリック

Before

After

フォントや配置は手動で調整してね！

### TIPS

テキスト選択からAI自動翻訳もできます。

❶ 翻訳したいテキストを選択

❷ 右クリックまたは［…］→
　［テキストを翻訳］をクリック

前ページの操作手順❷から作業を続けましょう。

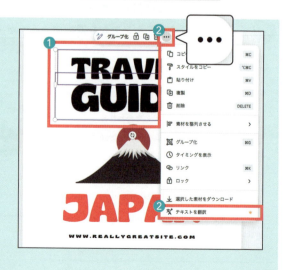

# おすすめ素材コレクション

素材の検索バーに set:〜〜の英数字を入れてみよう

set:nAGRQ0pPmCA

有料素材

set:nAGRQjrG3yl

有料素材

set:nAGFDapSGPY

set:nAGFDWvkw44

お気に入りの公式クリエイターをフォローしよう！

漫画風から和風まで！

**のびー**さん
@nobby-work

アプリ

# Case 83 「Mockups」でデザインを合成！

 **これがデキれば**

撮影した写真や自分が作ったデザインを簡単に合成できる！
デザインや作品が実際どのように見えるか確認したいときにおすすめ！

 関連　【Case10】p.54

## 操作手順

### 編集画面のアプリから合成

❶ 要素を選択→［編集］をクリック

❷ ［Mockups］を選択

❸ 適用させるモックアップを選択

> 迷うくらい種類が豊富！ 今回はスマートフォンにしたよ！

❹ 切り抜き範囲や配置などを調整

次のページに続くよ！

### 操作手順

#### ホーム画面のアプリから合成

❶ ［アプリ］→［Mockups］をクリック

❷ イメージ画像または検索からカテゴリを選択

❸ 適用させるモックアップを選択

❹ ［選択］をクリック

## 操作手順

⑤ [アップロード] から画像を選択→[次へ] をクリック

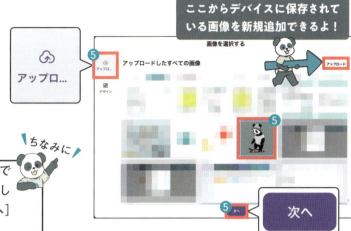

作成したデザインからも選択できるよ！モックアップで確認したいデザインを選択→[次へ] をクリックしてね！

⑥ [モックアップの保存] → [デザインに使用] または [ダウンロード] をクリック

ホーム画面から「モックアップ」で検索すると、有料のテンプレートがたくさん出てくるから注意！アプリから選ぶと、無料のものだけが出てくるよ！

### TIPS

パソコンや雑誌のモックアップを作るのもおすすめです！

仕上がりイメージが確認しやすいので、ぜひ活用しましょう。

アプリ

## Case 84 「一括作成」で作業効率UP！

 **これがデキれば**

同じデザインやレイアウトで、文字や画像だけを変えられる！
表のデータを元に簡単に作れるから、作業時間を大幅に短縮できる！

 関連　【Case17】p.70　【Case92】p.212

## 操作手順

❶ [アプリ] → [一括作成] を選択

❷ [データを手動で入力] をクリック

テキストだけなら [データをアップロード] が便利！
ExcelまたはCSVファイルを連携できるよ！

❸ 表にデータを追加→[完了] をクリック

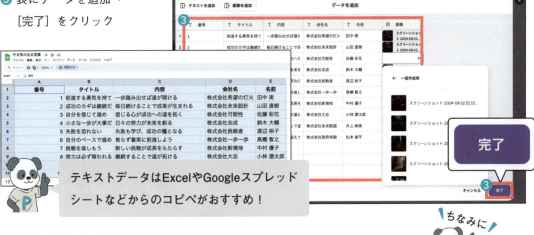

テキストデータはExcelやGoogleスプレッドシートなどからのコピペがおすすめ！

事前にCanvaのフォルダに画像をまとめておくと、作業の手間が減らせるよ！

## 列や行を追加・削除したい場合

- 列を追加：[テキストを追加] をクリック
- 画像を追加：[画像を追加] をクリック

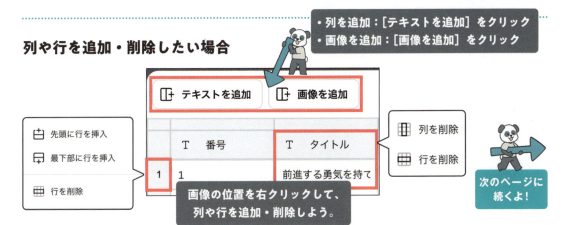

画像の位置を右クリックして、列や行を追加・削除しよう。

次のページに続くよ！

## 操作手順

❹ 紐づけたい素材をクリック→［データの接続］→紐づけたいデータを選択

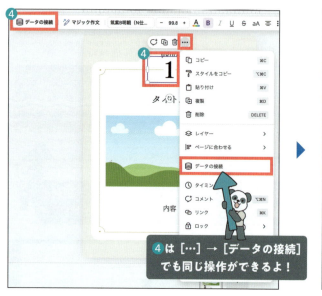
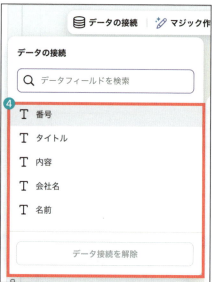

❺ データを紐づけて［続行］をクリック

## 操作手順

❻ ［○点のデザインを生成］をクリック

デザインは一瞬で作成されるよ！
手間なく大量生産できるからおすすめ！

一部の行データだけ使いたいときは、
必要なデータにチェックを入れてね！

**Before**

**After**

### TIPS

データを紐づけたいデザインは1ページで作成しましょう。同じデザインを3ページで作成した状態で一括生成を適用すると、10点だけ作りたくても30点（3ページ×10）で生成されてしまいます。

アプリ

# Case 85 「TypeGradient」でグラデーション文字を作成！

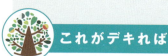 これがデキれば

簡単にグラデーション文字が作れて、
ワンランク上のデザインに挑戦できる！

関連　【Case19】p.74　【Case22】p.80　【Case86】p.200

## 操作手順

① [アプリ] → [TypeGradient] を選択

② [Main text] にテキストを入力
③ グラデーション文字を調整
　・Font：フォントの種類
　・Alignment：文字の揃え方
　・Line height：行間の高さ
　・Gradient colors：グラデーションカラーの調整
④ グラデーションの向きをバーで設定

線を移動して向きを調整できるよ！

⑤ [Add to design] をクリック

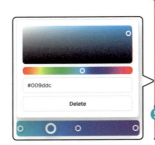

ちなみに
グラデーションバーをクリックすると、色と切り替え位置を追加できるよ！

### TIPS

グラデーション文字をダブルクリックすると、作成後も繰り返し編集できます！ フォントは日本語にも対応しているNoto Sans JPがおすすめです！

アプリ

Case 86

# 「TypeExtrude」で興味を引かせる立体的なテキストを作成！

 **これがデキれば**

立体的で目立つ文字が簡単に作成できる！
文字に輪郭もつけられるので、立体的な袋文字が作れる！

 関連　【Case19】p.74　【Case85】p.198

**操作手順**

❶ ［アプリ］→［TypeExtrude］を選択

❷ ［Main text］にテキストを入力

Previewの［Dark background］にチェックを入れると、背景が暗いときの見え方が確認できるよ！

❸ 立体文字を設定
- Font：フォントの種類
- Alignment：文字の揃え方
- Line height：行間の高さ
- Colors：塗り・枠線と影
- Outline thickness：枠線の幅
- Extrude angle：影を付ける向き
- Extrude length：奥行き調整

❹ ［Add to design］をクリック

立体文字をダブルクリックすると、作成後も繰り返し編集できます！フォントは日本語にも対応しているNoto Sans JPがおすすめです！

アプリ

## Case 87 「画像品質アップツール」で低画質な画像を一瞬で高画質に！

 これがデキれば

アップロード画像やCanvaの写真素材を高画質にできる！

 関連　【Case34】p.106　【Case43】p.126　【Case44】p.128

## 操作手順

❶ 画像を選択→［編集］をクリック

❷ ［画像品質アップツール］を選択

❸ 解像度を調整→［解像度を上げる］をクリック

> ちなみに
> 8倍にすると色味が飛ぶかも。ちょうどいい倍率に調整してね！

❹ ［差し替え］をクリック

**Before**

**After**

アプリ

# Case 88
## 「LottieFiles」でカラー変更できる豊富なアニメーションを活用しよう！

 **これがデキれば**

色を変更できる種類が豊富なアニメーションが使える！
動きのあるデザインが作れる！

 関連　【Case58】p.148

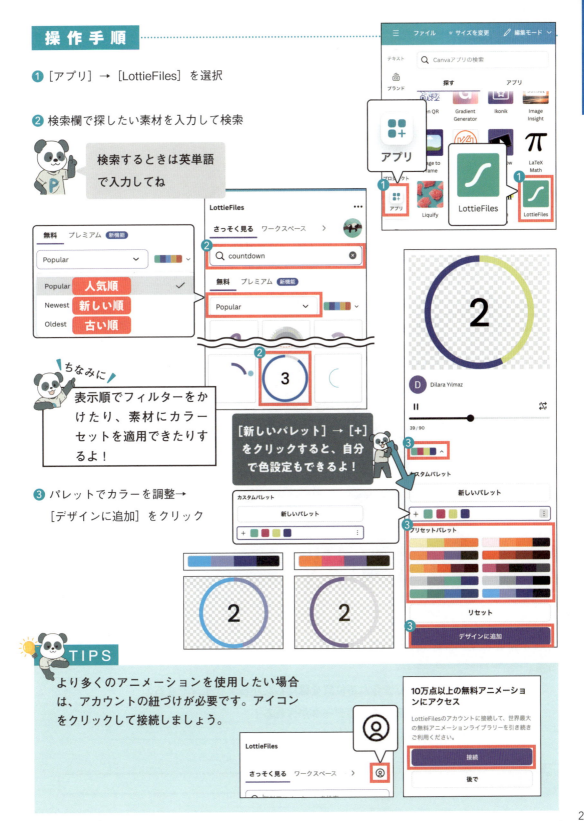

知っておくと便利

## Case 89 印刷前には必ず塗り足し領域を確認しよう！

 これがデキれば

印刷で切り取られる位置を確認しながらデザインできる！
フチなしデザインのデータが作れる！

 関連　【Case90】p.208

## 操作手順

❶ [ファイル] → [設定] → [塗り足し領域を表示する] をクリック

❷ 塗り足し領域（グレーの線）が出現

> グレーの線は印刷でカットされる位置だよ！
> 背景あり・フチなしで印刷したいときは、
> 線の外側までデザインしてね！

❸ [共有] → [ダウンロード] をクリック

❹ ダウンロード方法を設定し、[ダウンロード] をクリック
  - [ファイルの種類] PNG → PDF（印刷）
  - [トリムマークと塗り足し] にチェック

❺ ファイルを開いて確認

> 黒い線がカットされる位置だよ！

> ちなみに
> 使用するプリンターによって白フチがつく場合があるよ。そのときは、ファイルの種類を画像（JPGやPNG）にして印刷すると、うまくいくかも！

知っておくと便利

# Case 90　アクセシビリティ機能であらゆる人に適したデザインに！

 **これがデキれば**

文字サイズや色、代替テキストなどをチェック・変更して、障がいの有無や年齢、利用環境に関係なく、<u>誰でも見やすいデザインにできる！</u>

 関連　【Case105】p.242

## 操作手順

❶ ［ファイル］→［アクセシビリティ］→
　［デザインのアクセシビリティをチェック］
　をクリック

❷ ［タイポグラフィー］［カラーコントラスト］
　をクリック

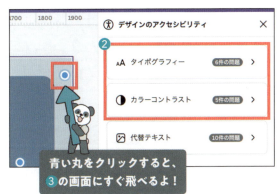

> ちなみに
> この2点をチェックしてね！
> ・タイポグラフィー：
> 　見やすい文字サイズを提案
> ・カラーコントラスト：
> 　見やすい色を提案

❸ 提案された解決方法をクリック

**Before**

**After**

> タイポグラフィーはチェックボックスを活用すると、まとめて変更できるよ！

### TIPS

代替テキストは視覚障がい者や、画像や動画が何らかの理由でWeb上で表示されない人のために設定するよ！

知っておくと便利 　　　　　　　　　　　　　　　　　　　　　　　有料機能

# Case 91　バージョン履歴で過去のデザインを復元！

 **これがデキれば**

少し前に作ったデザインを簡単に復元できる！
自動保存や上書きされて、[戻る]ボタンが使えないときに便利！

 関連　【Case13】p.62　【Case92】p.212　【Case105】p.242

## 操作手順

❶ [ファイル] → [バージョン履歴] をクリック

❷ 戻したいバージョンを選択し、以下のボタンをクリック
- [このバージョンを復元する]：現在のデザインを上書きして復元
- ⌄→ [コピーを作成]：現在のデザインはそのままでコピーして復元

> **ちなみに**
> バージョン履歴には、過去のデザインが最大15個まで保存されるよ！
> それ以前のデザインは残らないから、必要な場合は適宜コピーしておこう！

知っておくと便利

# Case 92 ページ内のテキストを検索＆置換！

 **これがデキれば**

テキストボックスから、特定のテキストを探し出して置換できる！
ワンクリックですべて置換も可能！

 関連　【Case82】p.186　【Case91】p.210　【Case105】p.242

## 操作手順

❶ ［ファイル］→［テキストを検索して置き換える］をクリック

ショートカットキーは Ctrl （Macでは⌘）+ F だよ！

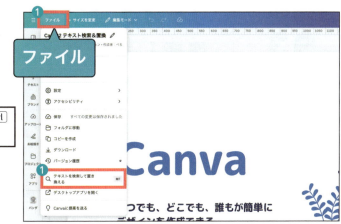

### テキストを検索する場合

❷ ［検索］にテキスト（ここでは「canva」）を入力
※該当箇所が紫色になります

アルファベットを正確に区別したいときにクリック！

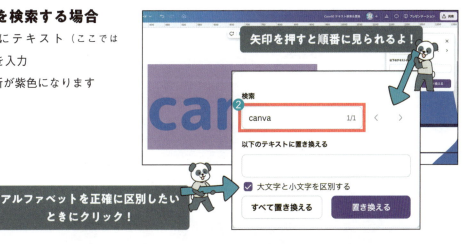

### 検索したテキストを置換する場合

❸ ［検索］［以下のテキストに置き換える］に入力
❹ ［置き換える］をクリック

例えば、canva→Canvaに置換したい場合はこんな感じ！

**Before**

**After**

知っておくと便利　　　　　　　　　　　　　　　　　　　　　有料機能

# Case 93　リサイズ機能で作成したデザインを変換しよう！

 **これがデキれば**

作り直す手間が少なく、デザインのサイズを変えられる！
ドキュメントにも簡単に変換できる！

 関連　【Case12】p.58　【Case91】p.210

## 操作手順

❶ [リサイズ] をクリック

❷ 変換したいサイズを選択

ちなみに
デザインはドキュメントにも変換できるよ！

❸ 適用したいページを
選択→ [完了] を
クリック

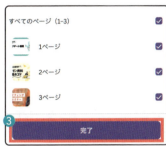

❹ [コピーとサイズ変更] または
[このデザインのサイズを変更する] をクリック

サイズ変更後のデザインを
すぐに開けるよ！

### TIPS

サイズを変換した後のデザインは、
レイアウトの調整が必要になります。

リサイズ前　　　　　リサイズ後　　　　　レイアウト調整後

 ▶  ▶

知っておくと便利

# Case 94 自分と資料を一緒に録画して共有しよう！

 **これがデキれば**

プレゼンテーション資料に自分の顔と音声を撮影できて、プレゼンの幅が広がる！
資料説明など動画データとして共有できる！

 関連　【Case3】p.40　【Case11】p.56　【Case59】p.150

**操 作 手 順**

❶ ［プレゼンテーション］
　→ ［プレゼンと録画］
　→ ［次へ］をクリック

❷ ［レコーディングスタジオへ移動］をクリック

❸ 録画の設定をし、［録画を開始］をクリック

 ▶  ▶  ▶

 カウントダウンは3秒前からはじまるよ！

 次のページに続くよ！

## 操作手順

❹ 収録し、[録画を終了] をクリック

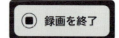
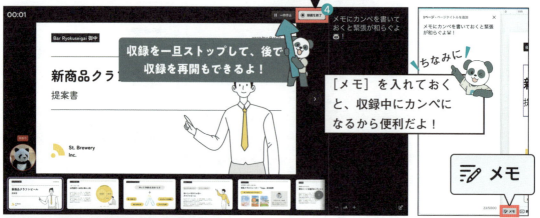

公開閲覧リンクで共有、または動画データをダウンロードできるよ！

❺ 目的に合わせてボタンをクリック
　[コピー]：公開閲覧リンク
　[保存して終了]：保存して編集画面に戻る
　[ダウンロード]：動画データをダウンロード
　[破棄]：録画データを削除

### TIPS

❺の収録画面を閉じてしまった場合でも、公開閲覧リンクは共有できます。
　[共有] → [公開閲覧リンク] から確認しましょう。

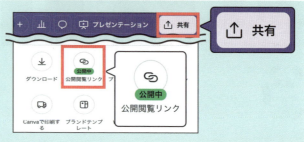

# おすすめ素材コレクション

素材の検索バーに set:〜〜の英数字を入れてみよう

set:nAGSADYoWmk

set:nAGRxwc66Fo

有料素材

set:nAF_0uFkenc

set:nAGDrZwUQS8

有料素材

お気に入りの公式クリエイターをフォローしよう!

親しみやすい手描きイラスト

**あかね**さん
@nicodesign

知っておくと便利

# Case 95 一瞬でページ番号を付与できる！

 **これがデキれば**

大量にあるスライドのページ番号をワンクリックで表示させられる！
スライドの順番を入れ替えても自動で変わるから便利！

 関連 【Case20】p.76 【Case92】p.212

### 操作手順

① [テキスト] → ダイナミックテキストの [ページ番号] をクリック

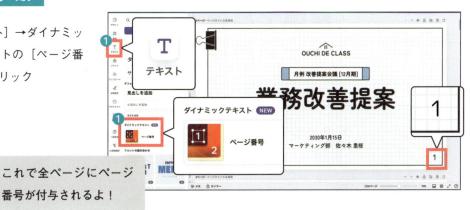

これで全ページにページ番号が付与されるよ！

② 設定を調整
・フォーマット
・番号を表示するページ

番号の削除もワンクリックでできるよ！

## ページ番号の位置を修正・更新させる方法

① ページ番号が振られているテキストを移動
② [プロパティをすべてのページに適用] をクリック

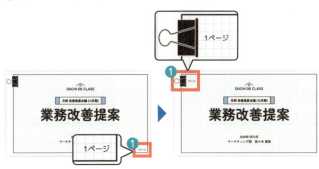

知っておくと便利

# Case 96 動画や地図のリンクを ページ内に埋め込む！

 これがデキれば

**Canva上で動画視聴や、地図の確認ができる！**
旅行のパンフレットを作る場合に便利！

 関連　【Case11】p.56　【Case13】p.62

### 操作手順

## 動画を埋め込む（YouTube）

❶ ［アプリ］→「YouTube」で検索

❷ ［YouTube］を選択

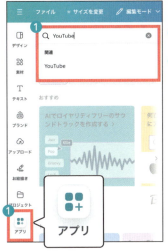

❸ 動画を検索しクリック

ダブルクリックすると動画が再生できるよ！

ちなみに
YouTubeの動画リンクを直接貼り付けてもOK！

次のページに続くよ！

## 操作手順

### 地図を埋め込む（Google マップ）

> ちなみに
> Google マップの埋め込みはアプリからも可能ですが、リンクを直接貼る方法がおすすめです。

❶ ブラウザから Google マップで目的地を検索→［共有］→［リンクをコピー］をクリック

❷ Canva のデザイン上で右クリック→［貼り付け］をクリック

※地図データⓒGoogle

ダブルクリックすると、地図を動かしたり拡大したりできるよ！

COLUMN COLUMN COLUMN COLUMN COLUMN

# おすすめ素材コレクション

素材の検索バーに set:〜〜の英数字を入れてみよう

set:nAGOG6BVILo

有料素材

set:nAGHQ3L0KVY

set:nAGPmZno91M

有料素材

set:nAGHR8LkPSo

有料素材

お気に入りの公式クリエイターをフォローしよう！

デザインの内製化をお手伝い！
コツんさん
@banner-template

ポーズ豊富な棒人間いっぱい
たなよしさん
@tanayoshi

COLUMN COLUMN COLUMN COLUMN COLUMN

知っておくと便利

## Case 97 矢印を自由自在にカスタム！

 **これがデキれば**

矢印を好きな形に変形できる！　さまざまなタイプの図解が作りやすくなる！

 関連　【Case28】p.94　【Case99】p.230　【Case102】p.236

## 操作手順

❶ [素材]→図形の[すべて表示]
→[ライン]から選択

ショートカットキー Ｌ でもラインを挿入できるよ！

❷ [線のスタイル]と[線先または線末尾]を選択

**線のスタイル**　　**線先または線末尾**

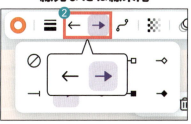

❸ [ラインタイプ]を
　カスタム

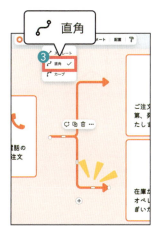
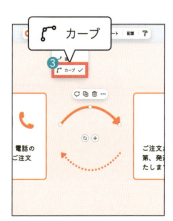

ちなみに
線の長さを調整してから、矢印の曲がり方を調整しよう！

**TIPS**

ラインをダブルクリックすると、テキストを入力できます。

知っておくと便利

Case 98
## 複数の素材を一瞬で等間隔に並べよう!

 **これがデキれば**

配置がバラバラの素材を、等間隔できれいに整列できる！

 関連　【Case5】p.44　【Case7】p.48　【Case99】p.230

### 操作手順

❶ 並べたい要素を複数選択
　ドラッグまたは Shift を
　押しながらクリック

❷ [配置] をクリック

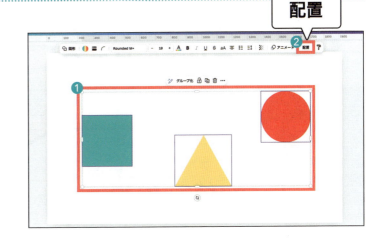

❸ [配置] → [整列する] をクリック

**Before**

**After**

> **TIPS**
> ショートカットキーの Alt （Macでは option ）＋ Shift ＋ T を押すと一瞬で整列できます。

知っておくと便利

# Case 99
## 要素の角度を調整してキレイに見せる！

 これがデキれば

手動で調整するよりも、要素をぴったり配置できる！

関連　【Case97】p.226　【Case98】p.228　【Case102】p.236

① 要素を選択し［配置］を
クリック

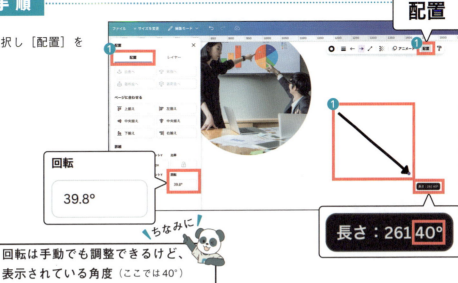

ちなみに

回転は手動でも調整できるけど、表示されている角度（ここでは40°）とは少しズレているんだ！

② 回転に角度を入力

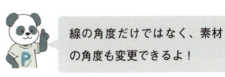

線の角度だけではなく、素材の角度も変更できるよ！

TIPS

複数の要素を斜めにするとき、1つずつ手動で回転させてもキレイにそろいません。

キッチリそろえたいときは、数値（角度）を入力して配置しましょう！

知っておくと便利

# Case 100
## 好きな素材の色と
## フォントのスタイルを一瞬でコピー！

 **これがデキれば**

配色やフォントなどをコピーして別の要素に適用できる！
1つずつ変更する手間がなくなる！

 関連　【Case4】p.42　【Case19】p.74　【Case25】p.86

## 操作手順

❶ 要素を選択→右クリック または［…］→［スタイルをコピー］をクリック

ちなみに
写真や色を変えられない素材には、スタイルのコピーは使えないよ！

❷ 適用させたい要素をクリックしてスタイルを貼り付け

このマークがついていると、スタイルをコピーできる状態だよ！

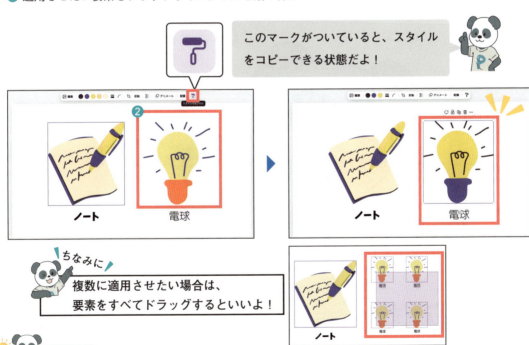

ちなみに
複数に適用させたい場合は、要素をすべてドラッグするといいよ！

 TIPS

［スタイルをコピー］は素材だけではなく、フォントにも適用できます。

知っておくと便利

# Case 101 同じ作成者の素材を検索してテイストをそろえよう!

 **これがデキれば**

<u>同じ作成者の素材をもっと探したいときに便利!</u>
テイストがそろうから、デザインに統一感が出る!

 関連　【Case26】p.90　【Case33】p.104

## 操作手順

❶ 要素を選択→右クリックまたは［…］→［詳細］をクリック

❷ テキストリンク（作者名やブランド）をクリック

❸ 同じ作成者の素材一覧が表示

知っておくと便利

# Case 102　要素に線をつけずに好きな位置に伸ばそう！

 **これがデキれば**

線が自動でほかの要素についてしまうのを防止できる！
微調整できるから、線と要素の間にスキマがほしいときにも大活躍！

 関連　【Case31】p.100　【Case97】p.226　【Case99】p.230

## 操作手順

① 線をクリック

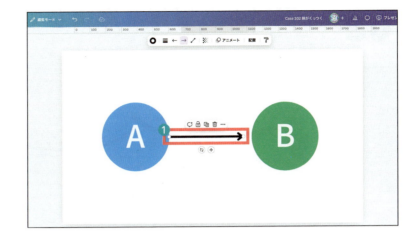

② Ctrl （Macでは ⌘）を押し続けながら、線をドラッグして調整

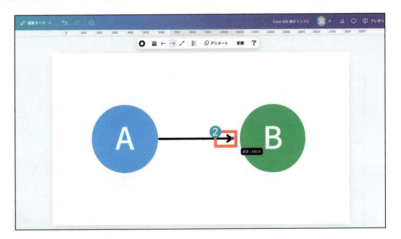

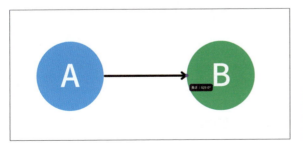

普通に線を引こうとすると、要素とくっつくから注意！

### TIPS

Ctrl （⌘）を押し続けている間だけ、微調整が可能です。
線を引き終わってからマウスから指を離しましょう。

知っておくと便利

## Case 103　下にある要素を選択して動かす！

 これがデキれば

素材移動や、レイヤーメニューで調整しなくても、下にある要素を簡単に動かせる！

関連　【Case6】p.46　【Case8】p.50　【Case20】p.76

### 操作手順

❶ 上に重なっている、いずれかの要素をクリック

例えば背景の三角形を選択したい場合、手前の文字「対談」をクリックしよう！

❷ `Ctrl`（Macでは`⌘`）を押し続けながら選択したい要素をクリック

選択したい要素がある場所あたりをクリックしよう！

❸ 要素を移動・編集

知っておくと便利　　　　　　　　　　　　　　　　　　　　　有料機能

# Case 104　背景を透過してダウンロード！

 **これがデキれば**

背景を消した状態でデザインを保存できる！
グッズに印刷するときに便利！

 関連　【Case32】p.102　【Case37】p.112

## 操作手順

❶ 複数の要素を組み合わせて
デザインを作成

❷ ［共有］→［ダウンロード］
をクリック

❸ ［背景透過］にチェックを入
れて、［ダウンロード］を
クリック

> ⚠ Canva素材1つだけ
> での背景透過は禁止

## TIPS

Canva素材やテキストを組み合わせて作ったデザインやロゴを使い回したい場合に便利です。

| ロゴ | 要素の組み合わせ | オリジナル素材＋Canva素材 |

（注）Canvaのみでの使用を想定した方法です。
ダウンロードした画像をほかのソフトで使用することは、
規約違反になります。詳細はCanvaの最新の利用規約を確認しましょう！

知っておくと便利

## Case 105 ちょうどいいサイズ感で漢字にふりがなをつける！

 **これがデキれば**

文字の読みやすさを向上させ、さまざまな人に対応したデザインが作れる！
子どもや外国人向けのデザインに活用できる！

 関連　【Case46】p.132　【Case90】p.208　【Case91】p.210

## 操作手順

❶ テキストを右クリックまたは
［…］→［ふりがな］をクリック

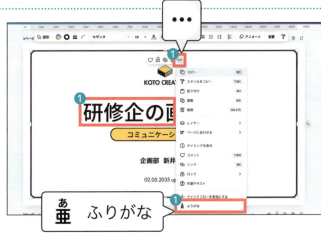

❷ ふりがなを振りたいテキストを選択→
［ふりがなを振る］をクリック
- 単語ごとにテキストボックスとして
  作成（後からも編集可）
- サイズは漢字のおよそ3分の1
- ふりがなのフォントは漢字と同じ
  （Canva教育版ではふりがなのフォントは
  「UDデジタル教科書体NPL」がデフォルトです）

### TIPS

ふりがな機能は［アプリ］からも使用できます。

243

# 覚えて使って効率化！ショートカットキー一覧

## ★ ここから覚えよう！

| アクション | Windows | Mac |
|---|---|---|
| コピー | Ctrl + C | command + C |
| ペースト（貼り付け） | Ctrl + V | command + V |
| 戻す | Ctrl + Z | command + Z |
| やり直す | Ctrl + Shift + Z | command + shift + Z |
| グループ化 | Ctrl + G | command + G |
| グループ化解除 | Ctrl + Shift + G | command + shift + G |
| クイックアクション | / | / |
| 複製 | Ctrl + D | command + D |
| 好きな位置へ複製 | Alt + ドラッグ | option + ドラッグ |
| 要素を10px移動 | Shift + ▲▼◀▶ | shift + ▲▼◀▶ |
| 定規とガイドを表示 | Shift + R | shift + R |
| テキスト太字 | Ctrl + B | command + B |
| テキスト下線 | Ctrl + U | command + U |
| 全選択 | Ctrl + A | command + A |
| 検索＆置換 | Ctrl + F | command + F |

🍒 ペアで覚えると便利

## ★★★ 覚えておくと便利！

| アクション | Windows | Mac |
|---|---|---|
| 直線（図形） | L | L |
| 長方形（図形） | R | R |
| 円（図形） | C | C |
| テキストボックスを追加 | T | T |
| ロック・ロック解除 | Shift + Alt + L | shift + option + L |
| サイドパネルの開閉 | Ctrl + / | command + / |
| スタイルのコピー | Ctrl + Alt + C | command + option + C |
| スタイルの貼り付け | Ctrl + Alt + V | command + option + V |
| 要素を背面へ | Ctrl + [ | command + [ |
| 要素を前面へ | Ctrl + ] | command + ] |
| フォントサイズを大きく | Ctrl + Shift + > | command + shift + > |
| フォントサイズを小さく | Ctrl + Shift + < | command + shift + < |
| 後ろの要素を選択 | Ctrl + クリック | command + クリック |
| 要素を整列 | Shift + Alt + T | shift + option + T |
| 全画面表示 | Ctrl + Alt + P | command + option + P |

# Chapter 3

## こんな場面で使える!
# Canva活用シーン

活用シーン1 ——————————————————— 248
ブランド機能を理解してチームでCanvaを使いこなす！
・チームにメンバーを招待・管理する
・ブランドテンプレートを設定する
・ブランドコントロールを設定する

活用シーン2 ——————————————————— 254
デザインを整えるためにガイド線を活用しよう！
・基本的なガイド線の使い方
・ガイド線の応用

活用シーン3 ——————————————————— 260
Canvaで印刷！ PDF入稿データを作成
・Canvaでワンストップ印刷
・Canvaで入稿データを作成する

チームでブランド機能　　　　　　　　　　　　　　　　　　　　有料機能

## 活用シーン 1　ブランド機能を理解してチームでCanvaを使いこなす！

有料にはなりますが、Canvaはチームを作ってメンバーを登録することが可能です。
料金プランの詳細は、本書のp.31を参照してください。
Canvaをチームで使いこなすための設定をしっかりしていきましょう。

### パターン① チームにメンバーを招待・管理する

チームメンバーの追加や、権限の設定を管理できます。Canvaのチーム機能を使いこなしたい場合は、最初に設定しておきましょう。

#### 操作手順

❶ ホーム画面でアイコンをクリック→［メンバーを招待］をクリック

## 操作手順

❷ 以下の2パターンで招待
  ・［コピー］をクリックし招待URLを渡す
  ・招待する人のメールアドレスを入力→［確認して招待する］をクリック

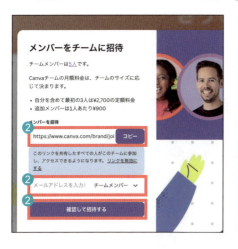

| 項目 \ 役割 | 所有者 | ブランド<br>デザイナー | メンバー |
|---|---|---|---|
| ブランドキットの<br>使用 | ○ | ○ | ○ |
| ブランドキットの<br>設定や編集 | ○ | ○ | × |
| ブランド<br>テンプレート公開 | ○ | ○ | × |
| メンバーの<br>権限や設定 | ○ | × | × |

## 権限を変更したいとき

❶ ホーム画面の［設定］をクリック
❷ ［メンバー］をクリック
❸ ［チームでの役割］を設定

## パターン② ブランドテンプレートを設定する

チームでよく使うデザインの形をテンプレートとして登録しておきましょう。一緒にブランドキット（フォントやカラー）の設定をしておくと、チームメンバーで統一されたデザインを作成しやすくなります。

### 操作手順

❶ ホーム画面の［ブランド］→［ブランドテンプレート］→［ブランドテンプレートを作成］をクリック

❷ デザインのサイズを決定

## 操作手順

❸ デザインを作成し、[共有] → [ブランドテンプレート] をクリック

❹ 必要であれば追加するフォルダを選択→ [公開] をクリック

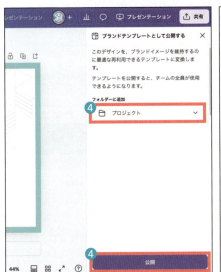

公開すると、チームメンバー全員がこのテンプレートを使うことができるよ!

### ブランドテンプレートを使用する方法

❶ ホーム画面やデザイン画面で［ブランド］をクリック

❷［ブランドテンプレート］をクリック

## パターン③ ブランドコントロールを設定する

管理者はカラーやフォント、デザインの公開を制限して、メンバーのデザインを効率的にコントロールできます。統一感のあるデザインを作成し、チーム全体の作業効率を向上させましょう。

### 操作手順

❶ ホーム画面の［ブランド］→［ブランドコントロール］をクリック

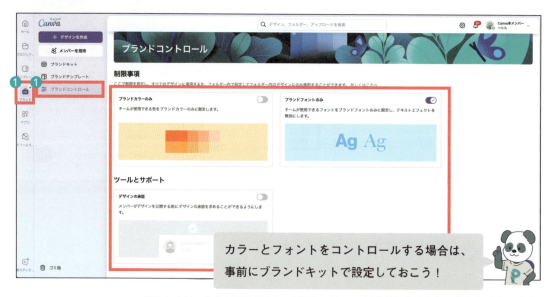

> カラーとフォントをコントロールする場合は、事前にブランドキットで設定しておこう！

※コントロールをONにすると、ブランドキットに登録したものしか使えなくなります。

> 操作手順

## デザインの承認設定を行う方法

❶ ［デザインを承認する］をオンにする→［設定］をクリック

❷ デザインの承認で［承認者］や［条件］を設定

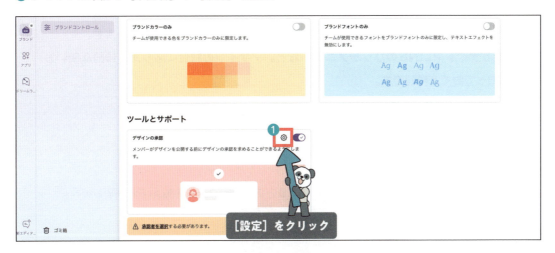

［設定］をクリック

承認する人を選択→［保存］をクリック

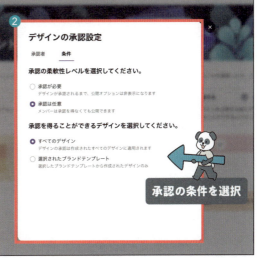

承認の条件を選択

> TIPS

カラーやフォントをコントロールされると不便ではないか、と感じる人もいるかもしれません。しかし、実際に使っている人からは「ムダに悩まなくていい。ブランドテンプレートが充実していて、作業の効率化につながっている」という意見もあります。

ガイドと定規の活用

## 活用シーン 2　デザインを整えるためにガイド線を活用しよう！

洗練されたデザインにするために「ガイド線」の基本的な使い方を紹介します。WebサイトやLINEのリッチメニューなど、デザインの特性に応じた具体的な使い方を知っておくと便利です。

### パターン① 基本的なガイド線の使い方

ガイド線を手動で引いたり、等間隔で引いたりする方法やロック方法を覚えておきましょう。

#### 操作手順

**ガイド線を手動で引く場合**

❶ ［ファイル］→［設定］→［定規とガイドを表示］をクリック

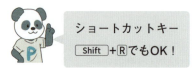

ショートカットキー　Shift + R でもOK！

❷ 定規の位置でクリックしてドラッグ

カーソルがこの状態になったら引きたい位置までドラッグしよう

### 操作手順

❸ ガイドを引きたい位置でドロップ

**TIPS**

ガイド線を固定したいときは、[ファイル] → [設定] → [ガイドをロック] をクリックしましょう。

## ガイド線を等間隔に引く場合

❶ [ファイル] → [設定] → [ガイドを追加する] をクリック

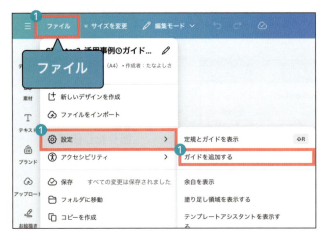

❷ [12列] [3列] [3×3グリッド] [カスタム] から選択

❸ [ガイドを追加する] をクリック

**ちなみに** この方法でガイド線を追加すると、自動でロックされるよ！

## パターン② ガイド線の応用

印刷やWebサイト、LINEのリッチメニュー作成時に、ガイド線を活用する方法を紹介します。

### 操作手順

#### 印刷物（チラシ）でガイド線を活用

チラシ（A4
21×29.7cm）
210 × 297 mm

作成したデザインを印刷すると要素が見切れる場合があります。その場合はガイド線を作成して、要素を内側に収めましょう。
ここでは、チラシ（A4 21×29.7cm）210×297mmのガイド線の引き方を紹介します。

❶ ［ファイル］→［設定］→［塗り足し領域を表示する］をクリック

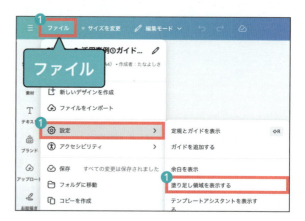

❷ ガイドを下記に設定
- ［カスタム］
- 列と行：「0」
- 余白：「5」

※単位はテンプレートによって変わります。

❸ ［ガイドを追加する］をクリック

塗り足し領域（外側）が黒のライン、ガイド線（内側）が紫色のラインだよ！

## 操作手順

❹ デザインが収まっているかを確認

> ちなみに
> 印刷したいデザインや文字は、紫色のガイド線の内側に収めよう！

❺ ［Canvaで印刷する］をクリック→プレビュー画面で最終確認

ほかのパターンでも確認してみてね！

### 操作手順

## Webサイトでガイドを活用

作成したWebサイトをスマホで見ると、レイアウトが崩れる場合があります。その場合はガイド線を使って、スマホにも対応したレイアウトに整えましょう。

❶ ［素材］→［図形］で四角を追加

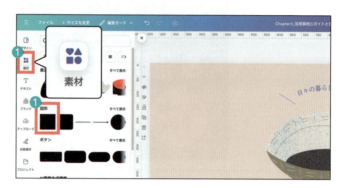

❷ ［配置］をクリック→幅を「680px」にして［中央揃え］に配置

❸ 定規を表示→四角の両端に合わせてガイド線を手動で引く（p.254を参照）

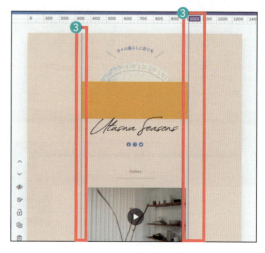

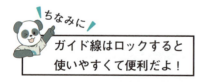
ガイド線はロックすると使いやすくて便利だよ！

⚠ 閲覧者のデバイスサイズにより680pxに収めてもズレてしまう場合もあります。

> 操作手順

## LINEのリッチメニューでガイドを活用

LINEのリッチメニューなど等間隔に配置したいデザインでは、ガイド線を使えばデザインが整いやすいです。

❶ [ファイル] → [設定] → [ガイドを追加する] をクリック

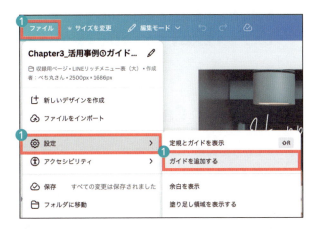

❷ ガイドを以下に設定
- [カスタム]
- 列：「3」
- 行：「2」
- ギャップと余白：「0」
   ※単位（px）は自動設定

❸ [ガイドを追加する] をクリック

❹ ガイドラインに合わせてデザインを作成

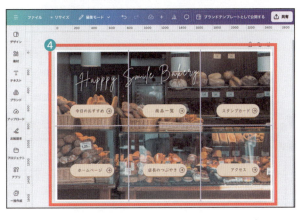

今回はラインを追加してデザインを完成させたよ！

Canvaで印刷

## 活用シーン 3 | Canvaで印刷！PDF入稿データを作成

Canvaで作ったデザインを名刺やステッカー、マグカップ、カレンダー、Tシャツ、年賀状などさまざまなものに印刷できます。Canva上で印刷する方法やCanvaで作成したデータを入稿する方法を詳しく紹介します。

### パターン① Canvaでワンストップ印刷

Canva上からの印刷では、全部で36種類のオリジナルグッズを作ることができます！

### 操作手順

❶ ［Canvaで印刷する］をクリック

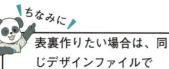

ちなみに
表裏作りたい場合は、同じデザインファイルで1枚目と2枚目のデザインを作っておこう！

## 操作手順

◎仕上がりをプレビュー画面で確認

並べたり、手で持ったりしたときのイメージが簡単にわかる！

❷ 印刷するページを選択
　好きなページを選択または
　空白で印刷が可能

❸ 用紙と仕上げを選択

Canvaの普通紙は少し厚めだよ！

基本はマット仕上げ、写真がある場合は光沢がおすすめ！

❹ 数量を選択

❺ ［続行］をクリック

無料で配送してくれるのがうれしい！

261

## 操作手順

**❻ 印刷の確認**

デザインに問題があれば検出されます。
PDFをダウンロードして開くと、デザインが切れる箇所が一目でわかります。

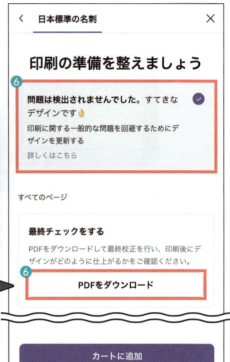

**❼ [お支払い] をクリック**

**❽ お支払い画面で詳細を入力**
　　→ [注文する] をクリック
・氏名
・電話番号
・住所
・配送
・支払い方法
・クーポンコード

保存しておくと、2回目以降は入力する必要がないよ！

### TIPS

カートに入れた商品が注文不要になった場合は、［カート］→［削除］をクリックしましょう。

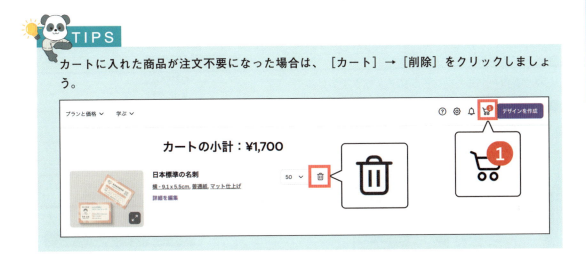

## パターン② Canvaで入稿データを作成する

Canva以外の方法（自宅や職場のプリンター、コンビニ印刷、ネットプリントなど）で印刷する場合は、PDFで入稿データを作成しましょう。

### 操作手順

❶［共有］→［ダウンロード］→ファイルの種類を選択

## 操作手順

❷ ページを選択
ダウンロードしたいページにチェックをつける

❸ カラープロファイルを設定
・RGB
・CMYK

CMYKは有料機能だよ！

ちなみに
CMYKは画面と比べて「思っていた色と違う！」となりやすいので、心配な人は自分で印刷して確認してね！

## ダウンロード前に設定すること

◎ 塗り足し領域を表示する
［ファイル］→［設定］→［塗り足し領域を表示する］をクリック

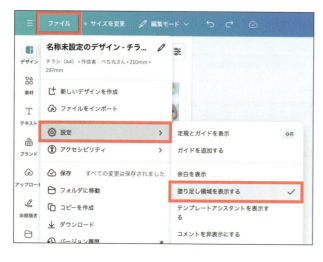

「塗り足し領域」はCase 89（p.206）を確認してね！

## 操作手順

◎ ガイド線を引く

［ファイル］→［設定］→［ガイドを追加する］をクリック

ちなみに
ガイドを「カスタム」にして、列と行を「0」、余白を「5mm」に設定してね！

ガイド線については活用シーン2(p.256)を確認してね！

### TIPS

縁なし印刷をしたい場合は「塗り足し領域」を表示してください。切れてほしくない文字やイラストがある場合は、自分が設定した「ガイド線（5mm）」の内側に収めましょう。印刷会社によって、発注時にプレビュー用PDFで内容を確認できる場合があります。必ず仕上がりイメージを確認して調整しましょう。

## 操作手順

❹ ［Canvaで印刷する］をクリック→プレビュー画面を確認

❺ ［共有］→［ダウンロード］をクリック
❻ ダウンロード方法を設定し、［ダウンロード］をクリック

ダウンロードしたら、入稿データを確認しよう！

### TIPS

トリムマークは印刷物の断裁位置を明確にするための「しるし」です。印刷業者により必要の有無が異なります。
PDF（印刷）データを業者で印刷依頼するときは、必要に応じて［トリムマークと塗り足し］にチェックを入れましょう。

特典のご案内

# 素材コレクションコード集

本書をご購入いただいた方に、特典を用意しています。
Canva上では探しにくい「コレクション」を
カテゴリ別に見やすく整理しました。

https://book.impress.co.jp/books/1123101157

【特典の利用方法】
❶ 上記のサイトにアクセスして[特典]をクリック
❷ カテゴリ別のコレクションをチェック
　（詳しい使い方は次ページをご覧ください）

※素材データの利用方法に関しては、DLサイト内の利用規約を必ずご確認の上、お使いください。
※特典を獲得するには、無料の読者会員システム「CLUB Impress」への登録が必要となります。

## 特典　素材コレクションコード集の使い方

❶ 目次から素材のカテゴリをクリック

❷ 使いたい素材のコレクションコードを確認→コピー

黄色背景は有料素材！
白は無料素材だよ！

❸ デザイン画面を開く→
［素材］の検索欄に貼り付けて検索→
使いたい素材を選択

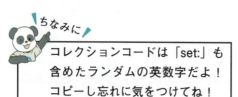

ちなみに
コレクションコードは「set:」も含めたランダムの英数字だよ！
コピーし忘れに気をつけてね！

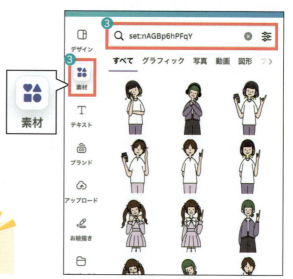

ご協力いただいたクリエイターのみなさん、
ありがとうございました！

| 番外編 | **クリエイターをフォローして活用する方法**

## クリエイターをフォローする方法

① ブラウザで「Canva クリエイターネーム」を検索→Canvaロゴのページをクリック

② [フォロー] をクリック

フォローするとお気に入りのクリエイターさんのテンプレートや素材を検索できるよ！

## フォローしたクリエイターのテンプレートや素材を検索する方法

① [テンプレート] → [フォロー中のクリエイター] をクリック
② 「クリエイターのアイコン」（ここでは [たなよし]）をクリック
③ [すべてのアイテム] までスクロールし、[テンプレート] →以下の3つから選択
  ・テンプレート
  ・写真
  ・グラフィック

ちなみに
基本はスクロールで見つけてね。見つからない場合は、検索バーにキーワードを入れて探そう！

**TIPS**
日本のクリエイターが登録しているのは、基本テンプレートですが、写真やグラフィックを登録している人もいます。

著者プロフィール

### ぺち丸

Canva認定Expert

2019年にブログを始めたことをきっかけに、Canvaに出会う。
2021年10月にCanva Japan認定講師として活動を開始し、累計4,000人以上に講座を実施。
2022年LINE公式アカウント「デキレバ」を開設。
2023年3月世界で43番目のCanva認定Expertになる。
Canvaの魅力や便利機能を日々SNSで発信中。
X：@pechimaru_life

## Special Thanks

| | |
|---|---|
| 構成協力・特典制作 | 田中芳野 |
| 全体統括 | 永井克典 |
| 執筆協力 | いきものけ |
| イラスト制作 | 原からか |

## STAFF

| | |
|---|---|
| ブックデザイン | 沢田幸平（happeace） |
| 校正 | 株式会社トップスタジオ |
| DTP | 田中麻衣子・高木大地 |
| デザイン制作室 | 今津幸弘 |
| デスク | 渡辺彩子 |
| 副編集長 | 田淵 豪 |
| 編集長 | 柳沼俊宏 |

本書のご感想をぜひお寄せください
https://book.impress.co.jp/books/1123101157

読者登録サービス CLUB impress

アンケート回答者の中から、抽選で図書カード（1,000円分）などを毎月プレゼント。
当選者の発表は賞品の発送をもって代えさせていただきます。
※プレゼントの賞品は変更になる場合があります。

■商品に関する問い合わせ先
このたびは弊社商品をご購入いただきありがとうございます。本書の内容などに関するお問い合わせは、下記のURLまたは二次元バーコードにある問い合わせフォームからお送りください。

https://book.impress.co.jp/info/

上記フォームがご利用いただけない場合のメールでの問い合わせ先
info@impress.co.jp

※お問い合わせの際は、書名、ISBN、お名前、お電話番号、メールアドレス に加えて、「該当するページ」と「具体的なご質問内容」「お使いの動作環境」を必ずご明記ください。なお、本書の範囲を超えるご質問にはお答えできないのでご了承ください。

● 電話やFAX でのご質問には対応しておりません。また、封書でのお問い合わせは回答までに日数をいただく場合があります。あらかじめご了承ください。
● インプレスブックスの本書情報ページ https://book.impress.co.jp/books/1123101157 では、本書のサポート情報や正誤表・訂正情報などを提供しています。あわせてご確認ください。
● 本書の奥付に記載されている初版発行日から3年が経過した場合、もしくは本書で紹介している製品やサービスについて提供会社によるサポートが終了した場合はご質問にお答えできない場合があります。

■落丁・乱丁本などの問い合わせ先
FAX 03-6837-5023
service@impress.co.jp

※古書店で購入された商品はお取り替えできません。

## ちなみにそれ、Canvaでデキます!

2024年12月11日 初版発行

| | |
|---|---|
| 著者 | ぺち丸 |
| 発行人 | 高橋隆志 |
| 編集人 | 藤井貴志 |
| 発行所 | 株式会社インプレス |
| | 〒101-0051　東京都千代田区神田神保町一丁目105番地 |
| | ホームページ　https://book.impress.co.jp/ |

本書は著作権法上の保護を受けています。本書の一部あるいは全部について(ソフトウェア及びプログラムを含む)、株式会社インプレスから文書による許諾を得ずに、いかなる方法においても無断で複写、複製することは禁じられています。

Copyright © 2024 pechimaru. All rights reserved.
印刷所　シナノ書籍印刷株式会社
ISBN978-4-295-02071-4 C3055
Printed in Japan